ロ シ ア の 大 人 の 部 屋

俄 罗 斯 风 格 小 家

向24位俄罗斯女性学习
营造家的温暖氛围
让回家变得充满期待

[日] 丰田菜穗子
———— 著
[俄] 伊万·布林斯基
———— 摄影
吴乐寅
———— 译

中信出版集团·北京

图书在版编目（CIP）数据

俄罗斯风格小家 / (日) 丰田菜穗子著；吴乐寅译
. -- 北京：中信出版社，2018.8
ISBN 978-7-5086-8966-1

Ⅰ. ① 俄…　Ⅱ. ① 丰…　② 吴…　Ⅲ. ① 室内装饰设计
－作品集－俄罗斯－现代　Ⅳ. ① TU238.2

中国版本图书馆 CIP 数据核字 (2018) 第 101888 号

JIBUN RASHIKU KURASHI WO TANOSHIMU RUSSIA JOSEI NO
ZAKKA TO INTERIOR RUSSIA NO OTONA NO HEYA
Copyright © Nahoko Toyoda 2011.
Copyright © TATSUMI PUBLISHING CO., LTD. 2011
Chinese translation rights in simplified characters arranged with
TATSUMI PUBLISHING CO., LTD.
through Japan UNI Agency, Inc., Tokyo
Simplified Chinese translation copyright © 2018 by CITIC Press Corporation
本书仅限中国大陆地区发行销售

俄罗斯风格小家

著　　者：[日] 丰田菜穗子
摄　　影：[俄] 伊万·布林斯基
译　　者：吴乐寅
出版发行：中信出版集团股份有限公司
　　　　　（北京市朝阳区惠新东街甲 4 号富盛大厦 2 座　邮编　100029）
承 印 者：北京利丰雅高长城印刷有限公司

开　　本：880mm×1230mm　1/32　　印　　张：4.5　　　字　　数：130 千字
版　　次：2018 年 8 月第 1 版　　　印　　次：2018 年 8 月第 1 次印刷
京权图字：01-2011-4909　　　　　　广告经营许可证：京朝工商广字第 8087 号
书　　号：ISBN 978-7-5086-8966-1
定　　价：45.00 元

俄罗斯居家的首要条件：
舒适度和温馨感

一听到俄罗斯，大家会联想到什么？可能会是雪花纷飞的冬日、葱头式样的
教堂、套娃等朴素的民间工艺品，以及由它们组成的童话般的世界……可是
现实生活中俄罗斯女性的家，你一定想象不到。

在这个持续了70年社会主义制度的国家，很长时间以来苏联人的生活被一层
神秘面纱遮盖着。这本书将揭秘这些鲜为人知的信息。下面将依次介绍苏联
解体后出生的一代人和堪称"人生达人"的老婆婆们的房间，她们主要居住
在莫斯科。莫斯科是快速发展中的俄罗斯的首都，"家居方面走在最前沿的
城市"当然也非它莫属。

苏联解体后近20年内，随着生活开始富裕，人们对家居的投入也越来越多。
各种家居杂志连连创刊，家居改装的电视节目也十分有人气。据说最近欧式
的现代风格比较受欢迎，但同时受青睐的还包括传统苏联风格中掺杂东亚元
素的房间、艺术感很强的波普风格、木造的郊外别墅等，现代俄罗斯的居住
风格可以说是多种多样。

虽然风格不同，但几乎所有女性都一致认为"家的最大追求在于舒适度和温
馨感"，事实上，俄罗斯的每一户人家都被温暖的气氛笼罩着。俄罗斯女性
珍爱古旧的公寓和家具，用俄罗斯传统民间工艺品和手工制作表达个性。在
色彩和照明方面，也能看出身居寒冷北国的她们对温暖感觉的偏好。在这样
的俄罗斯小屋里，你也一定能够找到一些营造舒适环境的启示吧。

本书的采访也曾碰到难题。因为俄罗斯人不喜欢向不认识的人曝光自己的家，
更不用说向国外的媒体了。多亏摄影师伊万·布林斯基和当地的外联铃木
玲子全力联络，采访才得以顺利进行。俄罗斯人一经朋友介绍就会开启心扉，
因此，也可以说本书的诞生得益于这种俄罗斯式的人际关系。

欢迎你来到神秘的俄罗斯小屋！

先了解俄罗斯女性的生活方式

在俄罗斯，很少有单独居住的年轻女性。主要原因是自苏联时期起，一家老小就都住在国家分配的住房里，房间旧了，装修一下继续住，几乎没有人在外面租公寓住。

对于重视家庭观念的俄罗斯人来说，家是一家人共同生活的地方。一般只有结婚后有了新的家庭，才会搬出去。不过，俄罗斯女性结婚、生子都很早，离婚后带着孩子回娘家、老少三代居住在一起的家庭也不在少数。本书介绍的女性中，1/3的人都有各自的特殊情况，这从家庭成员的构成能够看出，在此不再详细阐述。

另外，有数据显示，俄罗斯男性的平均寿命为60.3岁，俄罗斯女性的平均寿命为73.1岁（2008年数据）。在这个男女寿命差竟然达到13岁的国家，生活着很多单身的老婆婆，这也是俄罗斯人生活的显著特点。花纹壁纸、可爱的桌布、朴实的民间工艺品……在老婆婆的房间里，你能遇见"童话般的俄罗斯"，这是本书最想向大家介绍的。本书中的女性从20岁到90岁都有，年龄跨度很大。从苏联的政治改革时期到21世纪的俄罗斯，这些人所生活的各个时代的特征，在家具和房间里的摆设上表露无遗。

＊开始阅读本书之前，请先记住这几样俄罗斯家庭中常见的东西：圣像画、传统茶炊、罗蒙诺索夫瓷器。

俄罗斯传统茶炊。在上面放茶壶可以保温。

俄罗斯宗教属于基督教正教宗派，称为俄罗斯东正教，其典型代表为圣像画。

以俄罗斯郊区的一个村落"格热利"命名的蓝花瓷是俄罗斯传统瓷器的代表。以清晰的白底蓝花为主要特征。

沙俄皇室窑出品的罗蒙诺索夫瓷器。现改名为"皇家瓷器"。

目录
Contents

II5

俄罗斯女性的智慧生活术

如何看小家的布局图？…每个小家介绍的最后一页都画有小家的布局图，图中的数字与前面照片的编号对应，以此确认照片上房间的位置。

多义化交融的
混搭小家

俄罗斯是一个多文化、多民族国家
家居和房间的布置也表露了这一点
在西式简练风格中添加有异国情调的单品
强调"自我"的女性，追求各不相同

东西方文化融合的手工空间

客厅采用蓝色调，走廊为浅绿色，卧室和厨房用主人喜欢的橙色统一。室内设计师的职业特性让布拉达在装饰自己家的时候也非常讲究。客厅的窗帘是她担任设计学校老师的时候，花掉全部工资买下布料，自己亲手缝制的。墙壁和椅子靠背也是自己刷的漆。因为讨厌白色的家电用品，就用布套把它们包裹起来……这样大约花了五六年的时间，渐渐形成了东方神秘气氛和西方简洁格调相融合的空间。小时候在马来西亚和中国的经历，以及曾在伦敦留学的经历，成为她混搭风格的灵感来源。

8年前入住的这间公寓，是由曾经重建莫斯科救世主大教堂[1]的建筑公司建造的。因为布拉达的父亲在这个公司工作多年，作为对他的奖励，公司以便宜的价格把房子卖给他，但是不久他就突然去世了。布拉达将这间屋子作为遗产继承下来，对其自然珍爱有加。大多数家具都是父母乃至祖父母留下来的，她现在仍然小心地使用着，并加入自己的风格。这种家居方式的背后，承载着她对家人的爱与思念。

布拉达·尼斯特拉特夫
Влада Нистратова

室内设计师
儿时在马来西亚、北京度过，
有留学伦敦的经历，除了设计
工作之外，有时也为杂志做美
编工作。

---

①世界上最高的东正教教堂，也是最大的东正教教堂之一。

1 在中国"文化大革命"时期赴华工作过的祖父母送给自己的礼物。2 墙上的画是把德国古董书上的图片剪下来、自己装框制成的。故意挑选有污渍和涂写痕迹的图片。3 客厅的桌子"放上东西时比较好看"，布拉达坚持自己的想法。椅背通过打磨营造古董格调。

4 厨房的藤制桌椅是父亲从马来西亚家具店用很便宜的价格买到的，涂上清漆后爱惜使用。在外面的阳台喝绿茶，对主人来说是最好的享受。5 厨房以橙色统一。来自塞浦路斯的灯罩的材质跟家具很和谐。6 现代风格的橱柜里放着俄罗斯传统风格的盘子。7 勾起童年回忆的中国茶具。8 喜欢能"给予自己积极能量"的橙红色。

9 以橙色为主的卧室。家具从四五年前开始购入，最新置办的是这个落地台灯。10 右侧放零碎物品的盒子，是曾经工作过的设计学校送给自己的礼物。11 布拉达指着古董书上裁下来的图片说："就是有污渍才好。"12 卧室一角的椅子来自马来西亚。画面上的白色架子，据说在拍摄之后被刷上了圆点图案。13 从儿时生活过的马来西亚带回的竹筐。14 巧妙运用印度纱丽和马来西亚的蜡染布等东亚纺织品作为装饰。

15 自己用模具粉刷出的墙壁花纹。吊灯用中国的灯穗点缀。16 "格热利"瓷马是父亲留下的珍贵纪念品，只有为救世主大教堂的建设做出重大贡献的人才会被赠予。17 沙发套是手工做的。落地灯原先放在室外，搬进来后加了一个底托用以固定。18 去东京探望前日本男友带回的纪念品。19 将配电盘和门禁涂成自己喜欢的颜色，用印度木雕和铃铛装饰。20 苏联时期母亲用一瓶伏特加换来的古董椅子。

21 洗衣机用自制的蓝色布罩遮盖。22 女主人讨厌平凡无趣的标准制品，为了彻底改变风格，白色洗脸台用汽车涂料喷涂之后，再用丙烯颜料添上图案。23 带有按摩浴缸的浴室配上专卖店挑来的彩色浴帘。24 公寓公共区的走廊地板、门、镜子、绘画、涂装工艺、照明系统都是布拉达设计的。

▍装饰要点

作为家居达人的布拉达说："家是常常需要变化的空间，否则就会墨守成规。要定期用新的眼光重新审视。"这里要变成这样，那里得稍稍改动，想到什么就立刻行动吧。

▍小家布局

私密的卧室和浴室位于最里侧。与玄关相接的长长走廊上设置了大型橱柜，作为展示柜兼收纳空间。客厅的折叠门全部打开后正对着展示柜，无形中延伸了客厅的空间。

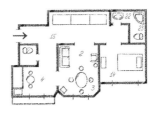

散发着阿拉伯和南欧情调的陶瓷之家

　　一间充满法国南部普罗旺斯情调的厨房，一间用非洲小摆设装点的客厅，最漂亮的要数用精致无比的瓷砖铺陈的阿拉伯风格的浴室。在这个多国风格混搭的房间里，主人卡丽娜倾注在细节上的热情真是不一般。

　　比如她最自豪的浴室。墙壁上的瓷砖来自突尼斯，地上的瓷砖来自法国，浴缸产自西班牙，洗脸池是意大利的，灯具则是德国装饰艺术风格的复刻版。水龙头和淋浴龙头也是自己找了很久才找到的样式。她的嗜好很明显，素材偏好古典的真材实料。水龙头必须是铜质的，洗碗池得是细白瓷，灯具也必须是亚光的金属色，连电视机外壳也必须是松下特有的金属色。洗衣机会破坏浴室的气氛，所以干脆不买。与自己喜好不同的东西，绝对不放进这个空间里。

卡丽娜·木库鲁奇安
Карина Мкртчян

旅行社老板
拥有经济学家、记者、
艺术家等多重身份。曾
到过40多个国家。和
兔子德米科一起生活。

　　她的审美观是小时候在美术学校学习时养成的，长大后又掌握了多国语言并经常去海外旅游，感受了各国的美。特别是看了电影《卡萨布兰卡》后被摩洛哥的魅力所征服，爱上了有美丽纹样的马赛克瓷砖，乃至把它们搬到家里。"我的兴趣与其说是家居装饰，不如说是美学艺术。"她真是一个丝毫不妥协的美的追求者。

2

1 购自耶路撒冷阿拉伯街的工艺盘。2 客厅用条纹图案营造出干练的感觉。右侧的儿童床是兔子的家。3 法国南部普罗旺斯风格的厨房，用茶色和白色形成对比。橱柜来自意大利，地上的瓷砖来自法国。同样的瓷砖也被用在浴室和走廊。

4 随处可见古董风格的灯具。选择其中几盏开着，享受光线的变化。5 一男一女的非洲人像搭配孔雀石。6 漂亮纹样的突尼斯瓷砖。浴室的铜质水龙头是后来换的，淋浴龙头的把手部分也特意换成白瓷的。7 购自以色列的镜子。8 浴室的配件都是铜质的。9 女主人喜欢古典流线型的东西。

10 文学作品只关注博尔赫斯和纳博科夫写的，电影只看意大利导演贝尔托卢奇的作品。书架上放的都是最爱的书籍，其他的阅读后就会送人，所以书架总是很整洁。书架上放的是埃塞俄比亚的咖啡壶。11 为了搭配白色和咖啡色相间的瓷砖，厨房的百叶窗也选用咖啡色。12 "这个家最美丽的装饰。"主人最喜欢的就是这些西班牙的瓷砖。厨房和走廊的踢脚线部分都用到了这种瓷砖。13 突尼斯的工艺盘。14 购自约旦的陶瓷挂钟花纹精美。

装饰要点

卡丽娜把这个家的装饰材质定为"陶瓷和亚光金属"，并搭配家居用品和杂货。想要实现这种完美风格并不容易，但是只要有瓷砖和陶瓷工艺盘的点缀，就能带来民族风情。

小家布局

小两居中设置了3个区域。包括简洁的客厅兼卧室、豪华的浴室，还有门厅经走廊通往厨房的空间，统一用同样的瓷砖铺设，形成第三个区域。

古董和亚洲杂货和谐共存

　　苏联解体之后，仍有一些国家的人民和他们的后代选择继续留在俄罗斯。玛利亚的爷爷来自亚美尼亚共和国，所以她"很喜欢具有东亚风格的家居用品和服装"。她的私人空间，是一间古董家具和富有民族情调的亚洲杂货共存的漂亮房间。

　　这里的家具是父母二三十年前收集来的20世纪初制造的橱柜和大衣柜，搭配印度夜市找来的镶金丝红色床罩、购自巴厘岛的蜡染布和落地灯，营造出洋溢着亚洲风情的舒适空间。家居摆设的灵感来自最爱的一次亚洲旅行，她尤其喜爱观光和冲浪能够兼顾的巴厘岛。每次旅行后都有房间装饰的新灵感，回到家就会马上尝试。

　　与家居用品的嗜好相同，在时尚方面她也"喜欢古典民族风和复古的感觉"。拍摄照片时，高个子的她套穿着两件设计极简的衬衫，搭配黑色的纱质长裙，这种个性化的装扮使她看上去像个模特儿。说起来，亚美尼亚共和国可是世界上美女最多的国家之一哦！

玛利亚·希洛科夫
Мария Широкова

法律专家
和母亲艾弗格尼亚、猫咪马蒂尔德生活在一起。热爱旅行，尤其喜欢以巴厘岛为首的亚洲各旅游景点。

1 购自巴厘岛的落地灯是她的最爱。2 30年前母亲购自立陶宛的桌椅，上面用苏联时期简朴的桌布装饰。窗台上的老鼠摆设是巴厘岛的手工艺品。3 色彩鲜艳的床罩和靠垫很好地点缀了房间。左侧的柜子是20世纪初的古董。

4 面朝玄关的大门上贴着俄罗斯东正教的祈祷文。5 镶有镜子的20世纪初期的大衣柜是父母传下来的。6 母亲的房间里有一架雕刻精美的沙俄时代的古董钢琴。7 主人喜欢民族色彩的服装，图片右下角的布罩是用巴厘岛的蜡染布做的。8 二三十年前父母收藏的套娃。9 古董柜上装饰着自己上釉的瓶子和来自保加利亚的瓦片画。

10 天使装饰品购自塔林，是送给母亲的礼物。11 详细记录俄罗斯东正教宗教仪式的日历成为窗边的点缀。在俄罗斯，除了宗教主题之外，还有以保健、料理、园艺为主题的日历，上面有365天的详细介绍。12 在巴厘岛等各处旅行带回的冰箱贴把冰箱装点得很热闹。13 用旧的木质家具感觉很有情调。椅背上的俄罗斯红色披肩增添了几丝温暖。14 厨房的窗台上摆放着鲜花、月见草和英国产白色茶具。15 母亲最拿手的俄罗斯馅饼。这天用的馅儿是卷心菜和蘑菇，一定很美味！

装饰要点

喜欢亚洲的玛利亚并没有把房间布置成完完全全的亚洲风格，而是用这些物品很好地搭配父母收集来的古董家具。古董家具本身的天然木质和亚洲杂货的自然风格相得益彰。

小家布局

这是走廊两侧各有两间房间的4居室。姐姐和哥哥已结婚成家，只有年纪最小的玛利亚和母亲两人使用这个75平方米的宽敞公寓。最里侧的两间兼作客房。

印度+俄罗斯，混搭风格的独创空间

印度风格的绘画和纱丽使客厅和书房洋溢着民族风情，到了厨房却一下子转变为典型的俄罗斯风格，这真是个不可思议的家。格丽娜娃说："我的丈夫是印度人，所以我的家是东方和西方风格的结合体。重要的是两者能取得协调，古董家具也能完全融入。"

格丽娜娃的职业是服装设计师。她说俄罗斯女性讨厌和别人穿一样的衣服，因此朋友们经常会委托她设计世界上独一无二的裙子，有时她也会为演奏家和歌手制作演出服。客厅也是她的工作室，工作时在客厅的圆餐桌上铺上长木板，餐桌就能立即变身为裁剪台。因为缝纫是她的专长，所以沙发套和椅子套都出自她的手。在吊灯上装点珠串和在红酒瓶上绘画，这些都能看到格丽娜娃的创意功底。

每次买新家具时，夫妻俩总是一起商量决定。格丽娜娃说："有时因为意见不同会吵架，但最后两人都会主动让步。"这个不同文化之间完美融合的家，无疑是一对和睦夫妇携手打造的得意之作。

格丽娜娃·娃里乌丽娜
Галина Валиуллина

服装设计师
毕业于莫斯科苏里科夫国立艺术学院。4年前从画家改为现在的职业。和来自印度的丈夫葛杜以及3只猫生活在看得见克里姆林宫的房子里。

10 厨房朴素得跟俄罗斯农家差不多。桌布是从祖母那里继承下来的。11 稻草编织的太阳装饰，购自莫斯科地下商业街。在俄罗斯，太阳有守护家的意义。12 手工图案精美的茶壶，是美院的同学赠送的。13 制作焖罐菜不可缺少的陶罐。14 厚重的餐柜放在客厅一角，家具大多是从祖父母那里继承而来。15 苏联时代的餐具。形状有趣的葡萄酒瓶经过绘画装饰后可重复使用，例如装上用自家农庄的浆果制成的果汁送给朋友。

16 卧室以咖啡色统一，暖气片用木框挡住。曾祖母留下来的古董柜子搭配20年前买的镜子，看上去就像同一套家具。17 娃娃和毛绒玩具是美院的好友送的，她现在已经是著名的玩具制作家了。18 保加利亚风格的桌布上放着印度教迦梨女神的画像，丈夫每天都会放上零钱供奉。19 卧室的吊灯和窗帘是丈夫挑选的，格丽娜娃用珠子装饰，显得华丽了许多。

装饰要点

这是丈夫单身时住的地方，婚后格丽娜娃加入自己的喜好，变成现在的风格。文化背景不同的伴侣之所以能够构建一个让双方都感觉舒适的空间，尊重对方的美学情趣是关键。只要色调统一，风格迥异的物品也能取得协调。

小家布局

这是总面积80平方米的三居室，其中卧室和书房之间有一门之隔。最大的房间兼具客厅、客房和工作室的功能。餐厅和厨房为独立空间，这种工作区与生活区明确分开的格局，创造出可以集中精力工作的环境。

波普及现代
风格的小家

生于20世纪90年代后的人们着眼于新的生活方式
对流行的家居风格也很敏感
以金属感为代表的未来"高科技"风格和大胆的色调
走在最前沿，表现"此时此刻的我"
21世纪俄罗斯多元化的势头不可阻挡

白加绿的摩登空间

只用白色和绿色。连卧室也只用白墙、白床、白色橱柜、白色水晶灯、白花，什么都是白色。在普遍使用彩色图案的俄罗斯，这真是个排斥任何颜色的家。

巴尔巴拉是一位颇有人气的室内设计师。她经营着一家以自己名字命名的设计工作室，还定期出演以家居改装为主题的人气电视节目《公寓咨询》，在节目中讲授手工制作的方法。多米特里是她的工作伙伴，也是她的生活伴侣，他们一起设计了这个房间。

巴尔巴拉认为，把白色作为主调是因为她的职业经常接触各种色彩，早已审美疲劳。这个房间的主题是明媚的春天，所以把绿色作为装点色，搭配自然色的木质家具。生活用品和家居杂货也只选用配合房间主题的东西，摒弃一切不必要的装饰。只有多米特里制作的貌似蜘蛛脚的怪异灯具"蜘蛛灯"，以及充满活力的全身镜是房间里最大胆的色彩点缀。呼唤春天的亮丽色彩和现代感，一个代表着21世纪俄罗斯的清新之家就此诞生了。

巴尔巴拉·泽勒内茨卡娅
Варвара Зеленецкая

室内设计师
和伴侣多米特里一起经营着一家设计工作室。定期参加人气电视节目，社会活动非常活跃。

1 纸质的灯具。有一次参加展示会时看到对面展台展出的这件商品，立刻买了下来。2 统一用白色的卧室。地上故意不铺地毯，家具也控制在最少数量。3 厨房的主色调是象征春天的绿色和白色。餐具也选择同色系的瓷器或者玻璃器皿。配合自然色的木家具共同打造出北欧风格。

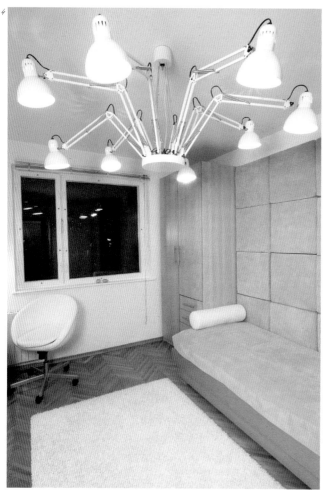

3

4 书房里的"蜘蛛灯"。有一面墙用绿色材料覆盖，用以诠释春天。5 录制电视节目时设计制作的全身镜。做法简单，将布包在旧门板上，中间镶上镜子。旁边用同粉色系的靴子和娃娃点缀。6 他们的白色衬衫和绿墙形成对比，感觉春天气息更浓了。7 自己设计的铝架玻璃桌曾经参加过莫斯科设计展。8 走廊角落里挂着鲜艳的衣服，给色彩简洁的房间增添活力。9 非常喜欢意大利导演丁度·布拉斯。他的作品中经常出现灯光映衬的圆镜，所以找来类似的镜子放在浴室里。10 在柬埔寨的市场花了1个小时才找到这尊中意的佛像。

11 厨房存放调味品的容器也选用白色加绿色。巴尔巴拉拥有俄罗斯、格鲁吉亚、白俄罗斯等6个民族的血统。喜欢做菜的她把多国料理烹饪所需的调味料集中在这里。12 床边的金属抽屉柜。13 窗台也用到白色。小狗造型的小摆设本来是用来放戒指的，但现在只作为摆设使用。14 装饰着现代设计风格的吸顶灯的客厅。为了让房间显得大些，故意不用窗帘。

装饰要点

在北国俄罗斯，绿色象征生命，红色和橙色象征力量，人们习惯从色彩中汲取能量。在这个家里，纯粹的白色基调让人放松，象征春天大自然的绿色用来增添活力，让居住者的情绪更加积极向上。

小家布局

从父母那里继承的两居室，按照自己的设计重新装修。卧室、书房是并列独立的格局，可从门厅直接进出。厨房不设隔断，与门厅空间形成一体。

女大学生的现代公寓

克里斯蒂娜是名校莫斯科大学的在校学生。我们怀着好奇心前去参观她的家，感受一下眼下俄罗斯还很少见的女大学生单身公寓的生活。

走进这间由旧公寓改造的房间，一眼就看到别致的圆形紫色公主床。周围的墙壁也粉刷成紫色，加上紫色的纱帘，形成了用紫色统一的"卧室区"。一边放着书桌和书架的"学习区"用黑白色统一，主人把一间房间用不同颜色分割成两个空间使用。门厅选用黑白色的壁纸和充满金属感的灯饰以突出现代感，厨房用现代的吧台椅来营造吧台风格。"虽然经常在外面，但是一回到家就会感觉完全放松。这里就像按照自己爱好布置的漂亮酒店。"克里斯蒂娜说。这间颇像酒店设计的房间，其实是身为室内设计师的母亲按照女儿的愿望设计的。

除了满满一书架的书籍，房间里还摆满了滑雪板、高跟鞋、香薰灯和毛绒玩具，其中还有圣像画，因为克里斯蒂娜来自俄罗斯东正教圣地谢尔盖耶夫镇。"圣像画是我宗教信仰的象征，好像护身符，有一种强大的力量保护着我。"因此，哪怕是在被女大学生喜欢的流行单品所包围的房间里，也能感受到信仰的存在。

克里斯蒂娜·卡福泰罗夫
Кристина Кафтайлова

学生

在莫斯科大学专攻语言学。在改造后的20世纪50年代的旧公寓里独自居住。爱好旅行、滑雪。

1 上任房客留下来的电话被朋友漆成了银色，正好用来装点玄关。2 门厅用黑白色壁纸和充满金属感的吊灯突出现代感。3 放置紫色圆床的"卧室区"用华丽的纱帘隔开。前面是用黑白色统一的"学习区"。有光泽的地板也让主人很满意。

4 彩色的滑雪板成为房间的装饰品。据说在莫斯科和近郊的专用滑雪场都可以使用。5 圣子与圣母玛利亚的圣像画，以及被视为守护神的殉教者圣克里斯蒂娜的圣像画。左侧是探戈学校的结业证书。6 自儿提时代起跟随自己多年的毛绒玩具，右下角的河马去年购自西班牙伊维萨岛。7 这只泰迪熊是21岁时的生日礼物。8 根据心情使用不同味道的香薰。9 书架上摆放着作家布尔加科夫的评传和欧洲旅行指南。10 用黄色图案的吸顶灯搭配走廊天花板的颜色。11 很喜欢高跟鞋，其中最喜欢的牌子是亚历山大·麦昆和普拉达。

12 作为摆设的猫、有祈愿作用的不倒翁和自己画的水彩画放在一起。从日本化妆品店买到不倒翁后，立即给它画上一只眼睛用以祈愿。（愿望实现时再画另一只。）13 小小厨房的靠窗位置用银色吧台代替餐桌。14 让人联想到酒吧的转椅。15 墙上的石膏像。16 用朋友发送的老式照相机装饰书架。17 喜欢很女性化的圆形设计。18 虽置身于都市的快节奏中，但在这个房间里，她依然是"追求梦想的小女孩"。

装饰要点

小小的一居室按照女大学生的生活需要来划分空间。在同一个房间里，创造出紫色的"卧室区"和由黑白色构成的"学习区"。这种用色彩划分区域的方法，值得居住空间狭窄的人们借鉴。

小家布局

有门厅和走廊，厨房相对来说很小，所以只能用吧台代替餐桌，有效地节省空间。在较大的门厅安置了柜子和书架，用来扩充收纳空间。

用明亮的红色营造温暖空间

白色墙壁上鲜红的镶板、带有鲜红色扶手的床……鲜艳的红色把安娜斯塔西娅的房间点缀得分外显眼。因为"想用明亮的红色营造出温暖的空间",所以自己用丙烯颜料粉刷了这两样东西。床的周围放着好几个红色的靠垫,朋友来玩儿的时候可以当作沙发。"不过最幸福的时刻还是在这里为女儿阿加莎阅读绘本的时候。"拥有少女般笑容的安娜斯塔西娅竟然是一位有着4岁女儿的单身母亲。

选择这个公寓,是因为刚一来就被外面保留着的20世纪初期的街景迷住了。俄罗斯公寓的阳台一般都是玻璃窗包围的阳光房式样,安娜斯塔西娅却特意在装修时把窗户去掉。现在变成露天的阳台,这样就能种植自己喜欢的花草,享受园艺的乐趣。阳台上贴满宝石的洒水壶是原创作品。为了让阿加莎高兴,安娜斯塔西娅整整花了3天时间将宝石一个一个手工镶上去,费了不少工夫。

现在安娜斯塔西娅的烦恼在于因为工作关系,要经常离开自己心爱的家到国外出差。完成这次拍摄后,她又把猫咪奇莎送到朋友那里寄养,带着阿加莎到柏林去了。她已经在当地找到托儿所,为工作育儿两全而奋斗着。

安娜斯塔西娅·尤尔琴科
Анастасия Юрченко

美术史研究家
和4岁的女儿阿加莎、猫咪奇莎一起生活。目前因从事战时流失到德国的美术作品归还工作,暂居柏林。

1 床是猫咪奇莎最喜欢的地方。2 白墙上点缀着红色镶板。因为工作关系藏书较多，客厅的一整面墙都被书架占满了。其中关于美术史的专业书籍占到了8成。3 自己粉刷成鲜红色的沙发床。放置在阳光灿烂的窗边，白天当作沙发，晚上当床使用。

4 安娜斯塔西娅经常义务帮助不健全儿童。厨房里挂着的杯子是孩子们的作品，用来向朋友们呼吁参加这个活动。5 厨房窗边的桌子是工作和看书的区域。6 为了配合墙壁粉刷的颜色，放置了一盏20世纪70年代鲜红色的落地灯。7 儿童房的红色椅子是母女俩一起粉刷的。8 这张画作的模特是安娜斯塔西娅。这是她为威尼斯双年展担任艺术指导时，一个建筑家朋友给她画的。

9 客厅统一为绿色加咖啡色，接近大地的颜色。每个房间都有暖气，所以不需要铺地毯。10 刺绣精美的哈萨克斯坦手工靠垫。11 为满足阿加莎"想要钻石洒水壶"的愿望，安娜斯塔西娅花了3天时间手工制作了一个亮闪闪的洒水壶。12 能看到莫斯科古老街景的阳台是她的最爱。为此还精心布置了花和植物，安娜斯塔西娅认为"这就是我的乡间别墅"。

装饰要点

在纵向的房间里如果把床也竖着放，容易浪费空间，所以安娜斯塔西娅把床横过来靠在窗边。同时把床头改为三边扶手，能当大沙发用，有效地节省了空间。

小家布局

直线并列的空间配置，方便在任何房间观察到孩子的活动。卧室墙中央装饰的红色镶板，从视觉上区别卧室和儿童房。结构上从两居室变为三居室。

享受大胆创意和省钱术的合租空间

　　玛利亚和安娜是同一个美院毕业的好朋友，4 年前在莫斯科租下这个房子一起居住。在俄罗斯，年轻女性合住的情况并不多见，一起租赁公寓就更少了。之所以选择这个房子，是因为一般房东会连同自己的家具和不要的东西一起租，而这个房子里并没有什么现成家具。"这样的房间布置起来才有趣"，于是两人就决定住在这里。

　　两人先将墙壁粉刷成泛黄的颜色，迅速把破旧的空间翻新。她们的宗旨是"不花钱"，因为"这是别人的家啊"，"买衣服和别的事情还要用钱呢"，所以房间里原先的灯具和家具都被充分利用。窗帘和电视机柜是别人送的。最能体现两人美院学生功底的，是在破旧的门的改装上，她们将著名画家安迪·沃霍尔笔下的奥黛丽·赫本用图片软件加工后，直接贴了上去。墙上也大胆地画上了老虎和变色龙。想到就去实施，而且合作出色，两人的合租生活过得非常开心。

　　玛利亚觉得"一个人生活成本太高，我肯定受不了"，安娜也说："是啊，晚上一个人睡太害怕了。"两个好朋友可爱而充满创意的房间布置工作，仍在进行中。

玛利亚·斯卡斯卡（左）
安娜·哈泽茨卡娅（右）
Мария Сказка и Анна Хозацкая

建筑设计师
曾一起在圣彼得堡美术大学学习美术和建筑设计。因工作关系移居莫斯科。在公司附近找到这个房间，两人合租至今。

1 墙上的变色龙是直接手绘上去的。
2 窗帘是安娜从家里拿来的，是母亲的手工作品。电视机柜改装自公寓阳台的使用配件。3 皮沙发是房东的家具。把原先的吊灯灯泡换成蜡烛形灯泡。不花钱的创意在房间的各处都有体现。

4 在有裂缝的玻璃门上贴图片，并把门框涂成红色。外面贴的是 20 世纪波普艺术巨匠沃霍尔创作的奥黛丽·赫本，里面贴的是 18 世纪意大利木版画画家皮拉内西的作品。5 房间里原先就有的古旧家具，成为很有意思的点缀。6 厨房的吊灯也是原先就有的物件，因为很喜欢它的设计就一直使用着，墙壁上装饰着活泼的绿色时钟。7 娃娃旁边放着圣像画，玛利亚说："我们都是东正教教徒，我们相信神的存在。"8 门厅墙上用夹子连接起希腊旅行的照片，这真是不使用图钉和胶带的好方法。9 厨房墙壁上点缀着玻璃球和来自法国的纪念品——围裙。

10 把朋友送的埃及水烟作为桌上的装饰品。11 逼真的老虎画和玛利亚的帽子藏品。旧椅子故意用不合尺寸的布套，显得很松垮。12 柜子上摆满了化妆品。13 大学毕业后曾参加过纪念古城雅罗斯拉布利建都千年的比赛，当时的作品一直小心地保存着。14 洗手间的门上有绘画。市面上流行的墙贴对她们来说不够有趣，所以自己设计图案。详细方法请参考P124。

15 宜家的床。喜欢它可当沙发使用的设计和轻便，墙上挂着圣彼得堡著名画家普罗诗金的画作，自己画的竹子用来烘托气氛。16 将房间里原有的桌子涂成红色，在靠起来不舒服的墙面上钉上靠垫代替椅子背。17 金属感很强的门锁也是家居装饰的一部分。18 凡事认真的玛利亚（右）和活泼调皮的安娜（左）。

艺术家的
美丽工房

到了艺术大国俄罗斯，当然想看看艺术家们的房间
兼作工作室的住房被古董和个性的家具包围
自己的作品和一件一件的小摆设，仿佛画上的风景
美学意识强烈的艺术家居住的地方
一定能成为房间布置的好教材

诞生梦幻套娃的优雅工房

拜访套娃制作家艾琳娜的家是在一场雪过后的第二天。窗边的操作台上放着等候上色的套娃，阳台上的黄颊山雀正在啄着鸟食。这一切加上窗外的银装素裹，简直就是一幅画。

"离婚时，公寓归我，郊外别墅给了丈夫。20世纪70年代末为了维持生计，我开始制作套娃，那个时代对于女性来说还是很难独立生存的。"艾琳娜回忆说。20世纪80年代改革后，贸易实现了自由化，国外的订单才多起来。现在她的"梦幻套娃"已经被介绍到日本，拥有很多忠实的粉丝。而她的作品就诞生在这个漂亮的房间里。

为了工作起来方便，她强调房间的功能性，把客厅兼用作工作室，并摆放了自己喜欢的意大利家具，感受地中海气氛。卧室里有一个印有自己手绘图案的宜家柜子，旁边放了一张有百年以上历史的边桌。两件时代相差甚远的家具，被艾琳娜特有的细腻画风精彩地协调到一起。房间里随处可见她自己的绘画作品和老照片，厨房墙上挂着看似随意装饰的老式工具。这里看上去更像是一间洋溢着艺术家美学情趣的画廊。

艾琳娜·加莫娃
Елена Гамова

套娃制作家、画家
毕业于莫斯科苏里科夫国立艺术学院。独生女儿结婚后，现在一个人住。赫鲁晓夫时代建造的砖结构公寓是她的家兼工作室。

3

1 上好底色的套娃等待主人的手绘。2 绘画和摆设装饰得很有品位，越发衬托出意大利风格的家具。3 很喜欢女婿送的水晶灯，是用施华洛世奇的水晶和威尼斯玻璃制成的意大利产品。这是莫斯科少见的、看得到树林风景的豪华套间，也是制作套娃的小小工作室。

4 在套娃的底部穿上竹签后，就可以用左手拿着绘画。5 欧美的订单也很多，据说美国人和法国人喜欢红色，德国人则偏好蓝色。6 为去世前的母亲制作的小套娃。7 平时用布遮挡的架子上，未完成的套娃和酸黄瓜罐头放在一块儿。8 忧郁的表情和细腻的色彩是艾琳娜套娃的特点。9 作品诞生的操作台。

10 客厅的一角摆放着一直延伸到天花板的书架。"格热利"瓷器和可爱的民间工艺品点缀其中。11 卧室里宜家柜子的旁边，放着一张天然木材镶嵌陶瓷工艺的19世纪边桌。12 成品经手绘变成独一无二的原创作品，不愧是艺术家的点子。13 书架上装饰的是艾琳娜年轻时和家人的照片。（大美人！）14 苏联时期的茶杯，独特的红色非常可爱。

15—17 卧室进门的柱子上挂着有自己绘画作品的木板，令人印象深刻。18 俄罗斯的民间玩具，作为摆设十分可爱，其实它们是笛子。19 中间的羊是乌克兰的民间工艺品。20 沙俄时代的猪形存钱罐，虽然脚的部分有残缺，但仍然很珍贵。21 青铜马置于窗边。22 形状可爱的"格热利"牛奶罐。23 宗教画风的作品，画的是"我、丈夫和女儿"。24 英伦风格的壁纸搭配装饰着祖母的古董手袋和鲜胡椒。女主人特别喜欢壁纸的小碎花图案。

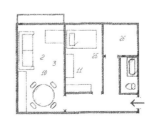

25 装有大镜子的卧室，用暖色系床罩和壁纸营造明快气氛。镜子旁边装饰着大小不同的相框，对面墙上的绘画也呈非对称状悬挂。26 厨房的架子上排列的"格热利"茶具。餐具类差不多都来自母亲的收藏。27 花费6年时间改造的公寓。艾琳娜说自己一直想把家改造成这样舒服且功能性强的空间。

装饰要点

艾琳娜对墙面装饰非常在行。大的画框左右搭配稍小的画，或组合不同色调的画、照片和摆设，或用漂亮的饰品和古董手袋装饰。可以现学现用的技巧看上去不少。

小家布局

曾经是一家人居住的公寓被改造成适合一人居住的舒适空间。现在浴室还在装修。带阳台和大窗户的、采光最好的房间用来潜心创作和休息放松，来客人时还可当作客厅。

传承古董与画作的艺术世家

　　玛利亚出生在一个父亲和祖父母都曾是画家的艺术世家，现在受普希金美术馆之托正在修复一些珍贵的画作。玛利亚笑着介绍说："我家尽是老古董，根本不知道都从谁那儿得来的！"这个家称得上是壮观。公寓里摆满了古老的家具，柜子上的画集和古书也堆积如山。住在到处都是古董的空间里的她，不仅继承了艺术家的血脉，就连祖祖辈辈的物品也都全部继承下来。父亲遗留的画作和亲手做的柜子，现在也成为这些古董的一部分，一起守护着自己的家人。

　　令人吃惊的还有她儿子伊利亚的房间。延伸到天花板的书架上，一样放满了祖先留下来的古书，房间里还有一架历史悠久的钢琴。要不是摆放着电脑和学习用具，谁也不会相信这么古色古香的地方会属于一个孩子。一般16岁的男孩都会喜欢现代的学习空间，但伊利亚却很喜欢这个房间的氛围。采访中恰好碰上伊利亚带着同学从学校回来，玛利亚耸耸肩说："毁坏家具的淘气包回来了。"不过伊利亚以前调皮时弄坏的椅子，她并没有拿去修理。因为玛利亚觉得家族记忆被刻下了新的一笔，要用这种方式把家具传承给新的一代。

玛利亚·布理鲁茨卡娅
Мария Прилуцкая

绘画修复师
和身为美术史学家的母亲塔奇阿娜、儿子伊利亚、爱犬格拉莎生活在一起。很久以前用两套两居室换成了一套三居室。

1 爱用的调色盘。2 母亲房间的一面墙上全都是父亲的画作。19 世纪的古董桌放在窗边,上面用俄罗斯传统图案的披肩遮盖。3 祖母传下来的"阿布拉姆采沃庄园摩登式样"的装饰柜。书桌是一个贵族出身的亲戚用过的。台灯的灯罩坏了,罩上丝巾照样使用。

4 20世纪中期的罗蒙诺索夫人物瓷器。5 很早以前家里就有的小摆设，出处不明，是书架可爱的点缀品。6 最新的泰迪熊也是40年前制造的了。7 父亲的艺术家朋友们制作的木头玩具。8 朋友为玛利亚画的肖像画被称为"我家最现代的东西"，和俄罗斯、叙利亚的工艺盘一起挂在厨房的墙上。9 中间的茶壶来自著名的库兹涅佐夫瓷器厂。因为父亲是希腊的望族，这个家里代代相传的名贵瓷器很多。10 大书架是父亲亲手做的。11 在原木上手工绘画而成的复活节蛋。

12 这可是 16 岁男孩的房间！朋友做的书架延伸到天花板，里面放着祖辈传下来的古书。书桌也已传承了 3 代。13 列宁格勒（今圣彼得堡）红十月钢琴厂出品的苏联钢琴，现在是伊利亚在弹。14 伊利亚房间的一角集中了俄国伟大作家普希金的作品。15 这天玛利亚正在修复一幅德国画家的作品，主要是将褪色的地方还原得跟之前一样鲜艳。

装饰要点

在祖传家具很多的家里，不再增添一件新的家具，而是充分利用这些古董家具进行布置。用丝巾代替灯罩，年代久远、稍有瑕疵的桌子用披肩遮盖，这些布料的使用技巧值得借鉴。

小家布局

这间 20 年前换来的公寓呈 L 形，厨房在走廊的尽头。厨房旁边有大型储物柜，房间里放不下的画就收藏在这里。利用走廊的长度，在天花板上安装吊柜，增加储物空间。

古董一色的精美工房

  库赛尼亚是从事绘画、拼贴画艺术和书籍装订的艺术家。"喜欢天然木材做成的旧家具"的她，工作室里放满了19世纪末的古董家具，比如带有雕花工艺的橱柜和梳妆台、古老的缝纫机、硬木家具等。柜子上也堆满了10年前开始收集的古董玻璃瓶，其中大部分是俄罗斯本地产的有着一百多年历史的香水瓶、药瓶，甚至还有伏特加酒瓶。这些都是女主人从莫斯科甚至巴黎、布鲁塞尔的跳蚤市场和古董店一点一点淘来的。

  这间父母买下来的公寓，目前由库赛尼亚和母亲以及自己的女儿3人居住。"常年住下来早已习惯这么狭窄"的厨房朴素而可爱。这里也有古董瓶子、古老的厨具以及精美的工艺盘，体现了库赛尼亚的装饰风格。一边在厨房看着窗外的绿色，一边围坐在小桌子旁聊天，一家子都已离不开这种舒服的感觉了。温馨舒适的秘密在于明亮而温暖的用色，库赛尼亚笑着说："因为俄罗斯的冬天太漫长了。"在这样的房间里，一定能够诞生出特别温暖的童话般的作品吧。

库赛尼亚·泽姆斯科娃
Ксения Земскова

装订师、插画家
和身为莫斯科音乐学院老师的母亲娜塔莉、在莫斯科大学上学的女儿安娜斯塔西娅以及贵宾犬达莎生活在一起。

1 厨房的柜子和书架上展示着收集来的古董瓶子。2 吊灯和落地灯为母亲的房间增添了温暖气氛。库赛尼亚画的"红衣女性和独角兽"与沙发套的颜色很协调。3 曾祖父母的照片守护着工作室兼卧室。曾祖母传下来的脚踏缝纫机现在还爱惜地使用着。

4 朋友送的韩国小盒子和收集来的古董小玩意儿一起放在缝纫机上，背后的拼贴画也是库赛尼亚的作品。5 摆放圣像画是"因为好看"，和雕刻家朋友送的人像摆设放在一起。6 厚重的古董家具因为太重，搬进来时曾被拆成三部分。小电视机刚好放得下，好像是这个家具的一部分。7 母亲的房间用她喜欢的紫红色和咖啡色统一，靠里面的那个沙发垫也是库赛尼亚做的。8 天使图案的靠垫也是自己的手工品，用珠子营造童话风格是她的特点。

9 毕业于莫斯科国立美术学院的她，为经常参加的展览会和开展设计装订业务而制作的小册子。10 独生女儿安娜斯塔西娅的房间，无论抽屉柜、地毯还是灯具都是宜家的。床的上方用圆点图案的布做成帷幔，这是安娜斯塔西娅想出来的点子。11 古董瓶子搭配黑白照片，连印有西里尔文字的书脊也成为展示的一部分。12 厨房的架子上也陈列着收集来的古董瓶子。13 书架上摆放着和朋友一起的照片、曾祖母的照片以及购自跳蚤市场的老照片。

14 厨房里有很多俄罗斯传统工艺品。橱柜上方中央有两个壶口的器皿是过去的洗手壶。黑底彩绘托盘来自著名的若斯托沃，墙上挂的玫瑰图案的工艺品是莫斯科近郊杜柳巴瓷器厂生产的工艺品。15 一眼望去绿油油的窗台用植物和水果点缀。桌上中间的盘子里放着俄罗斯煎饼。16 狭窄却很舒服的厨房是主人的最爱。17 冰箱上点缀着各种冰箱贴。

现代古典
风格的小家

当下俄罗斯最具人气的装饰风格是带有古典风味的现代风格
既有色调雅致、带来舒适生活的家具
同时又具备都市的新锐风格和功能性
这种小屋一定能为居家布置提供好创意

沙俄时期装饰品的传承之家

接近黑色的墨绿色沙发，这个特殊颜色的家具透露出房间主人的家庭背景。"这是祖先传承下来的沙俄时期的家具，在过去俄国的书房里，家家户户都有这样一张传统的墨绿色沙发。"

格丽娜的丈夫出生于代代相传的地主家族，家里的东西大多数都是沙俄时期传下来的。"当然在革命时期扔掉了很多东西，但总算还留下了一部分。"1917年的俄国革命中，地主们被没收了大部分土地和财产。这场遭遇过去后遗留下来的一小部分，现在传给了他们的后裔，被爱惜地使用着。

在这个家里，到处都是美得让人惊叹不已的装饰品。画龙点睛的还有格丽娜独家的房间布置方法。无论是书桌还是餐桌，无论是镜子前的柜子还是厨房的窗台，每个角落单独取景都能成为一幅画。用来搭配祖传家具的装饰品，都是她花费了不少工夫从古董店和跳蚤市场挑来的。能否与房间整体的气氛协调很重要，但更重要的是自己喜欢。新一代女主人的现代品味让革命前的古董家具完美融入现代生活中。

格丽娜·泽勒内茨卡娅
Галина Зеленецкая

电气工程师
她是P22介绍的室内设计师巴尔巴拉的母亲。在继承的公寓里和爱犬朱利安一起生活。

1 购自古董店的19世纪末的玻璃器皿和烛台，看似随意地放在镜子前面。2 摆放着地主家族祖先照片的书房。鹿的摆件也是祖辈传下来的19世纪中期的物件。左右对称放置着线条圆润的物品，巧妙地实现平衡感。3 接近黑色的墨绿色沙发和柱形挂钟很适合书房的气氛，两者都是祖先传下来的宝贝。

4 类似沙龙的客厅，灯光的角度正好照在画上。5 穿着彼得大帝时期服装的娃娃和古董望远镜。6 木箱上的花束成为房间里很好的点缀。7 衣架上扣着草帽，上面的蕾丝花边是丈夫从伦敦买来的。8 书柜中间的雕像来自19世纪。9 从意大利带回的泰迪熊，主人非常喜欢。10 浴室装饰成现代风格，很宽敞。11 来自法国的装饰纪念品。12 从跳蚤市场找来的马摆件。

13

14

15

13 为了显得宽敞明亮，厨房统一用白色。14 白色蕾丝窗帘搭配蓝色厚窗帘，窗边的摆设也统一成蓝色调，连纸巾都用蓝白色呼应。15 客厅桌子上装饰着代代相传的糖瓶和花艺造型。

装饰要点

代代相传的家具和精选的古董是这个家最大的特色。格丽娜的品位和平衡感很好，把它们搭配得非常雅致，房间各个角落也布置得十分精彩。不会失败的窍门在于统一年代、质感、色调或者任何一个主题。

小家布局

格局的有趣之处在于厨房和浴室之间只有一门之隔。主人把生活感较强的两个空间当作家居的延伸部分，并以白色统一。在厨房忙的同时还可以洗衣服，处理家务的效率很高。

光线协奏的阳光小屋

柳博芙家里的布置很符合她的知性气质，既带有古典趣味又不失现代风格。尽管整体色调深沉，但是，只有35平方米的房间丝毫不显得局促，配置的家具也毫无压迫感。她选择家具的标准是"不妨碍设计的功能性，不影响功能性的设计"。她在收纳上一丝不苟，资料一定要分类归入文件夹，贴上标签后再放到书桌下面的盒子里。这样一来最容易弄得乱糟糟的书桌就能收拾得非常整洁。

柳博芙考虑得很周到的另外一点就是房间的灯光。"居住环境需要的是舒适和安定，最能演绎这种感觉的就数灯光了。光和影的组合能让房间的表情瞬间变化。特别是用射灯的时候，家具的细节被衬托出来，空间上显现出纵深感，这样能带来恬静的气氛。仅凭照亮屋子的大灯或一处光源，恐怕达不到这样的效果吧？"不愧是法学家，连照明的运用都讲得极富哲理。天花板的射灯、落地灯和桌上的台灯，加上陶瓷烛台所映射的烛光和电暖炉发出的红色火光，所有这些光源都谱写出主人精心设计的那首温暖而和谐的"光线协奏曲"。

柳博芙·尼乌贝布鲁
Любовь Ниувебур

法学家

继承自祖母的公寓经过改装后，和身为律师的丈夫由利居住于此，是通晓丰富家居知识的学术派达人。

1 用陶瓷烛台演绎光和影。2 客厅兼卧室是这个家的重点。右侧沙发的椅背可调节成三个角度，放下就是床。3 工作空间装饰的织毯是从巴黎跳蚤市场淘来的宝贝。选择搭配沙发前那个圆形小藤凳的理由是她认为"圆形的好处在于可应对任何空间"。

4 据说现在俄罗斯流行这样的电壁炉或者煤气暖炉。旁边装饰着大蜡烛。5 雕刻有人物图案的法国瓷质烛台放在厨房作为装饰。6 自成一派的插花。每次插花时都要突出一个重点。7 购自巴黎的台灯是她的最爱，放在电视机两旁增添浪漫气氛。8 铜质的敞口罐子有时用作花器。9 喜欢这个拿破仑工艺盘的颜色，购自莫斯科的法国制品专卖店。10 喜欢各种熊的玩具。据说因为小时候苏联玩具很少，这大概是在弥补童年的缺憾。11 名为"兔子妈妈"的摆件购自莫斯科的礼品店。12 浴室也用花束和蜡烛装饰。13 象征智慧的猫头鹰摆设是朋友送的，放在书桌上当笔插。

一居室的有限空间里最活跃的要数沙发床，白天当沙发，晚上变为床，节假日可以把椅背调到中间的角度用来放松，根据不同的需要调节使用。进门靠墙处用来做工作区，丝毫不浪费空间。

小家布局

苏联时期特有的小型公寓结构。厨房连着阳台，把洗衣机放在厨房里，洗后可直接晾晒，缩短了家务路径。装修时在阳台部分加装了隔热、除湿材料，衣服洗后干得很快。

14 放在厨房里的洗衣机看上去不那么繁复，简洁设计让主人很满意。15 玄关的长凳是根据壁纸的图案定制的。俄罗斯的家进屋也要换拖鞋，在这里脱掉靴子或者临时放下东西时很方便。16 门厅的角落被充分利用，边桌的抽屉里收纳着鞋拔子和鞋刷。17 狭窄厨房的右侧安置了一个布制的收纳柜。里面有衣架和衣杆可以挂衣服，下面的空间放着箱子和各种盒子。

不可思议的"牛收藏馆"

　　整个家呈现出细腻的橄榄色，真是太美了。利玛用心布置了20世纪初的桌椅，并把椅子布和桌布统一成橄榄色，因此，客厅充满了古典而高雅的气氛。仔细看书架上，到处摆放着表情搞笑的"牛"。卧室有牛的玩具，电视机前放着牛的小摆设，厨房也有牛的装饰品、牛的冰箱贴、牛的调味瓶等……完全称得上是一个牛的收藏之家！

　　这个特殊的收藏爱好源于15年前朋友送给自己的第一件牛的摆设。当时觉得"一只太寂寞了"，于是自己买了第二件回来。此后凡是看到它们的朋友和熟人，都开始不断地送给利玛各种关于牛的物品，直到满屋子都是。当问到她收拾起来麻烦不麻烦时，她说："很麻烦！但是每次收拾的时候，感觉和它们心灵相通，有时候还可以说说话呢。"放置的位置一般不会变，小摆设放在电脑周围，杯子放在厨房的架子上。据说这些小玩意儿自己会找到舒服的地方，"比如总是从架子上掉下来的小家伙，给它换了别的地方就踏实了"。朋友说利玛是个"像天使一样的人"。在这个家里，充满了主人对藏品的珍爱之心。

利玛·安德利亚诺夫
Римма Андрианова

西班牙语老师
在私立学校教授西班牙语，同时也做私人教师。1972年建造的公寓于10年前装修过。爱好收集各种牛的装饰品。

1 床上牛的玩具很多。2 枕边的装饰架是利玛自己设计然后找人定做的，墙上挂着20世纪初期俄罗斯画家戈里亚伊诺夫的作品，很有现代感。3 桌椅是从丈夫父亲那里继承的20世纪初的家具。10年前修缮时给椅子换上最爱的橄榄色布料，桌布亦同。

4 书架上装饰的玩具牛是学生们送的礼物。5 朋友觉得"天使造型最适合利玛",所以送了这个礼物。6 珠宝箱旁边放着杂货商店买来的玩偶。7 边桌上放着30岁的自己和30岁的母亲的照片。8 厨房是自己设计并找人施工的,橱柜和挂钟都选用木质材料,营造质朴气息。9 利玛以前专门收集过俄罗斯各地的陶制水罐,趁着装修她定制了一个装饰架来摆放收藏品。10 微波炉上也贴着各种牛的冰箱贴。11 牛造型的肥皂盒来自西班牙,仔细看肥皂上竟然也有牛的图案。这是做肥皂生意的朋友手工做的。

12 与古典风格的客厅完全不同，厨房呈现温暖的质朴风格。13 吊柜和微波炉上摆满了各种牛。14 厨房里放不下这么多牛的调味瓶，只好将它们和画着牛的托盘一起移到阳台，构成颇有乡村风格的一角。

装饰要点

收藏品较多的家，需要在厨房和卧室加设定做的储物架，瓷器、照片和圣像画分别归拢在不同的角落摆放。牛的摆设的形状和大小虽然不同，但是你有没有发觉，全都是黑白花纹的荷斯坦牛？

小家布局

学习西班牙语的学生们也常来拜访利玛的家。格局上，客厅兼书房的后面才是卧室，私人空间很难看到。独立的餐厨区也能让主人改换气氛、放松一下，起到另一个客厅的作用。

一个柜子都没有的"断舍离主义"

妮娜的房间一目了然，竟然一个柜子都没有。既没有书架和餐柜，也没有厨房的墙面收纳。用不到的东西既不买也不存放。每年一次性清理所有的东西，不要的就送人。床上用品归拢在兼有沙发功能的床的下面，餐具全部收纳在水池下面的橱柜里。用过的餐具立刻洗好擦干，所以连临时晾干餐具的架子也无须设置。将"居住空间只放自己必需的物品"贯彻到底的程度真让人佩服。

推崇"断舍离主义"的妮娜在选择家居用品时，最坚持的是便利性，比如重量轻、容易挪动的桌子，容易清洗的床罩和靠垫。这样一来，即使养着两只猫，也总是能保持清洁舒适的环境。而在选择照明时，是否节能、投射到角落的亮度，以及清洁起来是否方便是她最重视的。综合以上条件，就能很好理解她为何喜欢简洁、功能性又好的宜家产品了。

精简后还能留下的东西才是自己真正需要的，比如窗台上的工艺盘和边桌上的蜡烛托。这些让心灵更充实的单品，显现出主人的品位。

妮娜·格丽娜
Нина Горина

裁缝
和猫咪新帕丘利亚、达莎一起生活。现在居住的公寓建于1975年，是用之前自己住的房子置换来的。

1 厨房餐桌上颇有情趣的调味瓶。2 没有餐柜也没有吊柜的厨房，看上去非常简洁明快。水池周边贴上带花纹的瓷砖，避免溅上水和污渍。冰箱的旁边是洗衣机。3 沙发同时也是床。必要的东西放在电视机下面的抽屉里，另外一大一小两个四方形的脚凳也兼作收纳盒。

4 主人喜欢这套深咖啡色桌椅的暖意和高雅。5 工艺盘购自主营花和小物件的店铺。6 有一天能去巴黎是她的梦想，所以放上一张描绘了巴黎花店的画来憧憬。7 厨房里投向天花板的壁灯光线很柔和，灯的线条也很讨人喜欢。8 电壁炉上面点缀蜡烛显得很浪漫。9 没有任何高的家具，因此客厅显得十分宽敞。墙壁也不想钉钉子，画就直接放在地上装饰。10 透过玻璃欣赏烛光的提灯，看上去像古老的油灯。这个钟也是因为喜欢复古风格的钟面设计才买来的。

11 并排放置的蜡烛托，享受它们的柔和光芒。12、13 改装时，特意把洗手间和浴室的瓷砖统一成一种图案。14 购自伊兹马伊洛夫纪念品市场的"格热利"瓷器，主人被这素雅的颜色迷住了。15 邮购来的杂志架是方便的折叠式。因为憧憬乡村别墅生活，主人最爱看这方面的杂志。16 右侧是客厅、左侧是厨房的格局。17 与活泼的达莎（右）和温顺的新帕丘利亚（左）住在一起的妮娜。

装饰要点

不能为了装东西而增加收纳空间，要放弃家里所有多余的东西，妮娜坚持贯彻"断舍离"式的生活。各种橱柜储物确实方便，但也极容易成为滋生废物的温床。购买东西之前，要弄清自己是否真的需要。

小家布局

这是左右分成两个房间的一居室。36 平方米的小格局正好满足单身生活需要。苏联时期建造的公寓卫生间都很小，无法放下洗衣机是大多数人的烦恼，这个家也把洗衣机放在厨房里。

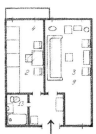

享有宽阔开放空间的"斯大林卡"公用空间

伊莉娜一家居住的是被称为"斯大林卡"的斯大林时代的公寓。特征是结构牢固，房间面积大，伊莉娜的家也足足有100平方米。不过这间有将近半个世纪历史的公寓，购入时地板已经腐烂，加上墙壁严重破损，真是把人吓了一跳。依靠一点一滴地重新装修，这个家才有了现在这副模样。

穿过白色和黑色瓷砖铺设的门厅，被星辰状吊灯照亮的餐厅一下子呈现在眼前。左侧有功能性很强的厨房，右侧是用深红色地毯铺陈的摩洛哥风格的客厅，两者都跟餐厅连成一体，也就是说，这个家的公用空间没有任何隔断。

伊莉娜说："我和我的丈夫都希望有一个开放式的空间，与其说是创意，不如说是我们对这个家的必要需求。"无论设计、家具还是灯光照明，都是夫妇两人深思熟虑的成果。旅行时带回的收藏品或者传家之宝、和爱犬相似的猎肠犬摆设等，类似这些"给家增添温暖和爱"的东西点缀其中。在这个把家人的舒适看得比什么都重要的家里，身为家庭一员的爱犬马克斯也能完全放心地享受午觉。

伊莉娜·萨特夫斯卡娅
Ирина Сатовская

主妇
家庭成员为从事金融工作的丈夫多米特里、10岁的儿子米哈伊鲁和爱犬马克斯。7年前购得这个公寓后大大地装修了一番。

1 书架上摆放着各种腊肠犬摆设。2 右手客厅，左手厨房，近前门厅，没有任何隔断的空间一体感很强，也十分宽敞。3 摩洛哥风格的客厅。用适合的沙发搭配丈夫从摩洛哥买来的地毯，窗帘出自朋友之手。爱犬马克斯也十分喜欢这里。

4 客厅一角装饰着美丽的圣像画。5 丈夫和孩子收集的迷你汽车，其中少见的苏联旧款国产车是值得炫耀的收藏品。6 烛台和右侧的小盒子都镶嵌着产自乌拉尔的玫瑰辉石，是现在很难看到的珍藏品。与一个朋友赠送的相框一起放在钢琴上。7 书架上高雅的人物造型瓷器引人注目。8 灯座上饰有腊肠犬造型的台灯成为梳妆台的点缀。9 中亚风格的水壶和水杯组合是父亲送的。10 电脑桌的墙上用亲戚拍摄到的仙女座星系照片装饰。这个区域以黑白色统一，用红色坐垫反衬。11 儿童房采用没有压迫感的开放式书架，放在玻璃杯里的各种彩色铅笔很可爱。

12 儿子米哈伊鲁的房间。选择的家具以功能性为主要条件，使用起来非常方便。书桌和书架是米哈伊鲁自己挑选的。13 红色地毯搭配红咖啡色窗帘。卧室之所以用红色统一，是想营造出明快温暖的感觉。床的两侧也铺上红色地毯，给床增添暖意。14 右后方是淋浴空间，对着的是厕所。模仿游泳池更衣室的浴室来自夫妇两人的创意。15 汽车收藏品现在由丈夫传给了儿子。16 设计高雅的室内拖鞋穿上很舒服，是伊莉娜的最爱。

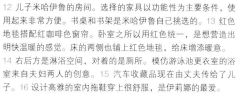

15

16

17 厨房里的一切都在触手可及的范围内。左侧的橱柜上整齐地摆放了各种调味瓶，上面一层的橙色陶罐用来做蒸煮菜，右上方的茶炊是从婆婆那里继承下来的百年老古董。18 桌上的盒子是用白桦木做的传统工艺品"贝雷斯塔"。用来存放面包，据说可以保存很长时间。19 门厅地面黑白相间的瓷砖是丈夫多年的梦想，和厨房的墙壁碰巧一致，纯属意料之外的统一。

装饰要点

把餐厅、厨房和客厅打通，最大限度地满足家人团聚的需要，是这个家的最大特点。客厅和卧室用红色，门厅和厨房用黑白色统一，主题色不同的房间用相同的颜色点缀呼应。

小家布局

这个家的中心在宽阔的门厅，客人来访时不显局促，通过这里进入到共用空间。门厅还起到把共用空间与另一侧的夫妇卧室和儿童房这两个私密空间隔开的作用。

怀旧风格的
小家

苏联解体已超过20年，回看朴素的苏联时期，勾起怀旧情结
被花朵图案的壁纸、花纹地毯、可爱的灯具和杂货包围的老婆婆家里
到处都有新鲜的发现，一点一滴都诉说着她们的人生

老婆婆的"精灵之家"

从没见过这样不可思议的房间：淡绿色的壁纸，木窗帘杆上穿过一整块不带褶皱的窗帘，带有流苏的布灯罩，小桌上放着黑白老照片和手镜，仿佛森林深处长满青苔的精灵之家。此刻"精灵"穿着圆点明黄的衬衫出现在我们面前。

从1957年起，半个世纪以来，吉娜婆婆一直住在这个公寓里。她最开心的事就是和邻居举行小小的宴会。这里曾经是几个家庭共同居住、被称为"科姆那鲁卡"的集体公寓。"大家很和睦。"吉娜婆婆说，"我不是共产党员，但是从来没有被镇压过，苏联时期没有什么不好的回忆。"她觉得"有好事也有坏事，这才是人生"。曾经是办公室里最漂亮的打字员的她，换过好几份工作。她喜欢运动，节假日也经常去美术馆和剧场。书架上仍珍藏着最爱的在波修瓦大剧院上演的芭蕾舞剧剧照。展销会上买来的古典装饰柜也述说着房间主人热爱艺术、快乐生活的状态。

吉娜·伊达斯特帕诺娃
Зинаида Степанова

打字员
1957年起与家人一起居住在集体公寓，现在一个人住。爱逛美术馆和剧场。

父母去世后的30年来，婆婆一直一个人居住。这位已95岁高龄的"精灵"说，这个屋子里改变的只有家具的摆放位置。"我已经享受了身边有很多朋友的青春年华。拥有这样美好的人生，我不想再改变任何东西。"

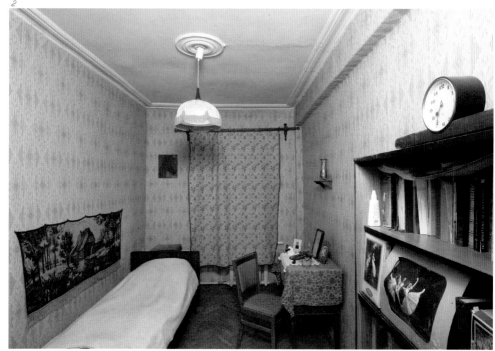

1 一直很爱惜母亲给的20世纪20年代的木盒。2 浅绿色的壁纸、朴素的印花窗帘和带有流苏的灯罩都协调得不可思议。书架上的照片是20世纪70年代波修瓦大剧院上演的《天鹅湖》中的3只白天鹅。3 桌子来自沙俄时代，椅子和吊灯是20世纪50年代的东西。大花朵图案的桌布让房间明快了许多。

4 邻居送的德国餐柜上装饰着最爱的罗蒙诺索夫茶壶。5 俄国皇帝的俄罗斯猎犬的摆件，是20世纪50年代母亲生日时同事送的。
6、7 餐柜上随意放置的罗蒙诺索夫人物瓷器美极了。8 20世纪50年代在工作单位得到的生日礼物。9 壁纸的草花纹样和梳妆台的桌布色调统一。从母亲那里继承的20世纪初期的镜子，仍爱惜地使用着。

10 客厅的吊柜是从木雕展销会上买来的手工艺品。石膏像是柴可夫斯基，蓝色玻璃器皿是20世纪50年代的苏联制品。11 墙壁上挂的是德国的桌布，沙发上用了各种布艺品。巧妙运用图案是老婆婆的装饰秘诀。12 母亲遗留的箱子是沙俄时代的东西，也被当作凳子使用。13 俄罗斯东正教的圣枝主日有装饰蜡梅的习俗。14 卧室里的小梳妆台上放着去世母亲的照片、好友的照片和自己年轻时的照片。

装饰要点

要向老婆婆学习使用布的技巧。卧室的窗帘不只是用一整块布穿进窗帘杆那么简单。仔细看会发现，窗帘底部有可爱的流苏。同一个房间里的灯罩也有流苏。看似不经意的搭配很不错。

小家布局

集体公寓"科姆那鲁卡"建筑至今仍然存在，过去较大的套间分住好几户人家，共用厨房和卫生间。这个家3个相对独立房间的格局，令人回忆起和其他家庭分享公共空间的"科姆那鲁卡"时代。

封存苏联时期甜美记忆的小屋

　　无论是壁纸、地毯还是沙发套，都是苏联时期特有的图案。图案繁多却仍感觉轻快、有品位，其原因在于细腻的色彩运用。柜子上展示着苏联时期手工上弦的钟和玻璃制的斑比鹿，厨房里放着祖母传下来的"格热利"瓷器。格丽娜家里有不少诱发那个时代回忆的小物件，其中还包括一尊小小的列宁像。她过去、现在都是共产党员，随着急剧变化的苏联历史，她的人生也不断发生着改变。

　　她出生于苏联建立的那年（1922年），经历了苏联卫国战争（即1941—1945年的苏德战争）时的"列宁格勒保卫战"。德国纳粹军队包围了列宁格勒（现在的圣彼得堡），在断粮断燃料的情况下，度过了惊心动魄的900天。虽然经历昏暗的战争，格丽娜回忆起来，仍觉得苏联时期是一个明朗幸福的时代，因为平等的高等教育、受保障的生活、宇宙航天开发和艺术体育的繁荣等等。"我为我的国家自豪。那个时代没有民族对立，最重要的是人和人的关系非常亲密。"

　　因工作调动到莫斯科之后，她就一直住在现在的公寓里，这里有着令人平静安宁的气氛，大概是留存着那个时代的甜美记忆的缘故吧。将陈设的历史和记忆一一唤起，让格丽娜更珍爱那段日子里的每一件往事。

格丽娜·萨拉方尼科娃
Галина Сарафанникова

教育家
生于列宁格勒。因工作调动到莫斯科之后，所在单位分配给她这间公寓。目前一个人居住。

1 玻璃制的斑比鹿是20世纪60年代的纪念品。2 苏联时期特色鲜明、形状摩登的钟，需要手工上弦。两边人工制作的玻璃郁金香来自在玻璃工厂工作的朋友。生日时亲戚送的两幅画对称摆放。3 柜子和地毯、落地灯都是20世纪60年代的东西。壁纸是20世纪70年代的。整体色调温暖润泽，非常高雅。

4 用气压预测天气的晴雨表，是祖母传下来的 20 世纪 20 年代的古董，可帮助调整身体状态。5 苏联时期的玻璃吊灯用在门厅。6 玻璃制成的化妆道具和用家族成员照片装饰的梳妆台。7 20 世纪 70 年代起开始使用的三菱电视机。带有手工刺绣的蕾丝桌垫来自匈牙利。8 东方风格的茶壶是别人送的礼物。9 祖母给自己的蘑菇形状黄油盒以及"格热利"瓷器。10 西方文学全集的前面放着生肖摆件。11 书架上的复活节蛋。12 最爱看的书。书架里放着普希金、托尔斯泰、契诃夫等俄国作家的文学作品。13 从集市买来的隔热手套。

14 为了搭配绿色床罩，选择同色系带图案的地毯。15 厨房里带有折叠餐桌的餐柜。窗帘分为上、下两部分是家族的传统设计。16 祖母遗留的煤油灯请亲戚改装成用电的台灯，享受在这里看书的时光。17 同事送的生日礼物。革命家列宁和苏联克格勃创建人捷尔任斯基塑像的笔筒。18 参加苏联卫国战争的退役军人大会时，莫斯科市长赠送的座钟。

装饰要点

带有图案的用品是苏联时期的特征。墙壁和地板、沙发都带有不同图案，仍能协调是因为色调统一。例如格丽娜家客厅用咖啡色系统一，卧室用不同浓淡的绿色调和。

小家布局

宽敞的客厅兼作客房，相当于卧室和厨房加起来的面积。明亮的窗前放置桌子和电视，因此客厅是日常活动最常用的空间。门厅放置沙发和椅子，用于接待客人和休憩。

用花朵图案追忆似水流年

印花壁纸、蕾丝窗帘、苏联时期特有的组合柜里摆着各种"格热利"瓷器和帕勒克漆器……一进入这个空间，就会立刻沉醉于往昔的苏联。这真是一间朴素得如少女般、充满了"俄式可爱风"的房间。

亚蕾芙齐娜一家因苏联政府分配搬进现在这个公寓，是在举办莫斯科奥运会的1980年。亚蕾芙齐娜记得"当时排队等候分配名额，好容易才分到了"。之后丈夫在64岁那年去世，女儿也结婚去了法国。现在虽然只有她一个人居住，却依然保留着30年前和家人一起住进来时的样子。亚蕾芙齐娜很怀念地介绍说，是丈夫给无趣的白色门贴上木纹贴纸。组合柜最上面那只引人注目的彩色茶壶，是自己在食品工业部工作时，因表现出色而获得的纪念品。"我家的东西很多都是得来的礼物。每年的新年和3月8日（国际妇女节），朋友和亲戚都会送礼物。"她珍惜着所有的回忆，同时也会打扮漂亮地去听音乐会，或在家里招待朋友，或是去法国的女儿女婿家做客。亚蕾芙齐娜充分享受当下生活，她生动的表情里闪耀着美丽的光芒。

亚蕾芙齐娜·亚布拉库西邦
Алефтина Апраксина

原苏联食品工业部经济负责人
曾在苏联食品工业部长期工作。在唯一的女儿结婚后，她在莫斯科中心一栋砖结构的公寓里独自生活。

3

1 俄罗斯传统漆器帕勒克小盒子。2 占据一面墙的苏联时期大型组合柜，在当地被称为"斯前卡"（墙壁的意思）。女儿的房间现在被当作客厅使用，一旁的桌子可以展开用来招待客人。3 捷克的台灯和德国的毛毯与壁纸的颜色、气氛都很契合。壁纸上方紧贴天花板的植物图案很好地点缀了房间。

4 俄罗斯传统的小物件当中，也有来自亚美尼亚的人物摆设和日本的不倒翁。5 20世纪60年代的手工上弦挂钟现在还很好用。6 印花壁纸保留着刚刚入住时的样子，沙发套和窗帘购自有名的伊娃诺博布料市场。7 表现郊外夏日主题的手工拼贴画是女儿送的礼物。8 挂在墙上的圣尼古拉圣像画传承自祖父母。

9 厨房里放着滚筒式洗衣机。只有电器用最新款，有点令人意外。蓝灰色和白色布料缝制的褶皱窗帘，以及苏联时期风格的花朵图案灯罩别有风味。10 来自莫斯科郊外贝尔比尔奇村的茶杯。11 复古的温度计是20世纪60年代苏联制品。12 工作单位奖励的鲜艳茶壶，映衬粉色壁纸。13 大花朵图案的壁纸。"房间用太扎眼，用在走廊是不是正好？"亚蕾芙齐娜如是说。14 手工漆盒是朋友送的生日礼物。

15 可爱的20世纪80年代的落地灯也是朋友送的。16 印有果实图案的桌布上放着罗蒙诺索夫陶瓷茶杯，冰箱上放着"格热利"瓷器。墙上中间位置装饰的是用豆子、玉米和麦穗编的民间工艺品。17 中间是独生女儿的照片，右侧是祖父的照片。小时候失去母亲的她由祖父母带大。18 厨房的墙壁上挂着俄罗斯东正教的挂历。19 褶皱窗帘出自妹妹之手。

这个家到处都是图案。卧室用暖色系统一，感觉很规整。客厅用浅粉色印花壁纸搭配掺杂金线的酒红色窗帘和沙发套，这种尝试很出人意料，但不同深浅的同色系总能取得协调。

小家布局

保留30年前一家三口生活时的两居室格局。现在一个人生活，把以前孩子的房间改为客房。这间房离门厅最近，适合客人居住，平时也当客厅使用。厨房门口有内置储藏空间，放得下很多东西，非常便利。

原创
之家

房间装饰的极致就是独一无二的原创设计
从设计大胆的独栋别墅到莫斯科市民憧憬的高级公寓
探访俄罗斯新生代的梦想之家
还要向你介绍在都市无法体验的郊外冒险生活

高悬格瓦拉肖像的狂野之家

　　狂野奔放的俄罗斯！来到亚历山德拉的家，令人情不自禁地想到的只有这句话。俄罗斯郊外的家，一般是指夏天避暑用的木屋别墅"DACHA"，但亚历山德拉的家既不是公寓也不是别墅，而是郊外的一幢独栋房子。这几年在俄罗斯，有人开始在通勤圈的郊外建造独栋房子，一年四季都住在那里。

　　这间参考乡间别墅建造的小屋粗犷、自由、奔放。挑空的客厅带有石头堆砌的壁炉，旁边装饰着格瓦拉的肖像和大熊猫玩具。跟客厅连着的是客房，客房却是完全不同的带有中国情调的明艳风格。厨房装修成农家的朴素风格。二楼有可爱的卧室和儿童房，还有丈夫亚雷克塞的一间房，里面放满了他喜爱的钓鱼工具。这个家一眼看上去想法各异，像个大杂烩。整个家都是由和建筑无缘的丈夫亲自设计的，结构之外的一切也是他手工制作的。

　　据说亚历山德拉和她的丈夫正在旁边的小屋中扩建夏天用的厨房。一边居住一边创造新的东西，这才是真正的"我的地盘我做主"。

亚历山德拉·利特比那
Александра Литвина

主妇
和职业是医生的丈夫亚雷克塞、10岁的女儿塔其娅娜、猫咪奇古拉一起住在莫斯科郊外的一幢独栋别墅里。在莫斯科市内也有公寓。

3

1 时任俄罗斯总理的普京头像造型的调味瓶是莫斯科电台的赠品。2 惹人注目的格瓦拉肖像。壁炉是亚雷克塞自己设计、自己用石头堆砌的。3 客厅和走廊之间用开放式储物架隔开，通透而且没有压迫感。彩色条纹的织毯装饰横梁和墙壁，沙发和吉他的红色用于点缀。

4 农家风格的厨房，看上去无序，却如一幅画般有质感。茶炊下面的红色柜子是祖母传下来的产于1958年的古董，原先的米白色改成红色。地板故意保留天然的松木原色。5 偶然寻到的圆形大餐桌，用宜家的真皮椅搭配。6 镶嵌陶瓷的抽屉式调味架是朋友送的。7 冰箱用格瓦拉头像的冰箱贴和从牙买加买来的、印有音乐教父鲍勃·马利的头巾装饰。8 抽油烟机还能当装饰架使用，很有意思。9 墙上挂着的手磨咖啡机是正宗的"格热利"瓷器。

10 客厅用中式明艳风格装饰。搭配中国的家具，天花板上装饰的是女儿塔其娅娜的画。11 走廊的墙壁装饰的是和客厅一样的织毯，同样起到遮盖暴露在外面的原木的作用。12 格瓦拉的肖像放在手工相框里。有医生经历的格瓦拉是亚雷克塞儿时的偶像。13 印度的大象工艺品放在客厅里用以点缀。14 随处都有颇具童心的照明，和房间本身一样令人印象深刻。15 倾斜屋顶下的儿童房。家具是塔其娅娜自己在宜家选的。

16 二层的卧室布置成乡间别墅风格。床罩和窗帘用红色统一，营造可爱氛围。17 从二层看下去的挑空客厅。亚历山德拉"一直想要一个明亮的客厅"，她觉得"挑空其实就是第二照明"。吊灯也是自制的。鹿角和野猪的标本来自猎户的馈赠。18 喜欢旅行的祖父母的箱子放在楼梯下面，当鞋箱使用。19 旁边正在建造的夏天用的厨房。壁炉已经完成且用来烤制过俄罗斯馅饼了。20 在空气新鲜的郊外院子里烧烤也很享受。

装饰要点

从头开始建造的家，最关键的是主题理念，这个家首先确立了"乡间别墅"的风格方向，然后开始自由装饰房间。房间内没有贴任何壁纸，用原木的纹理打造统一感。

小家布局

一层是公共空间，二层围绕挑空安排各自的房间。设有单独的客房和收纳空间，这也只有独栋房子才能做到。所有的房间都有窗户，明媚的阳光和郊外的新鲜空气伴随每一个人。

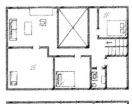

2层

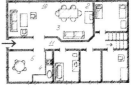

1层

有岛型厨房的观景屋

这是一间靠近索科尔尼基公园、能一览莫斯科街景的新式高层公寓。"从这里望出去的风景，比任何东西都吸引我。"就像主人艾莱奥诺拉所说，这个家的主角就是窗外漂亮的风景。

艾莱奥诺拉是电、水、电视和网站等公用设施的结构设计师。她认为自己的工作不但要追求建筑物的合理性，更要追求设计的独创性，非常具有挑战性。让我们来看看喜欢挑战的艾莱奥诺拉和她身为建筑工程师的丈夫一起用数月时间，通过设计、装修、选定家具最后共同完成的这个家。

宽敞的卧室和书房各自采用不同的装饰风格，只用条纹壁纸达成统一。由门厅连接成一体的客厅兼餐厅用白色统一，中间设置一个岛型厨房，这在以独立厨房和开放式厨房为主流的俄罗斯非常少见。隔着操作台可以一边做饭，一边和家人或朋友聊天，上菜也快，看上去非常方便实用。而用餐时透过窗户还能看到莫斯科街道交错与建筑物林立的大全景，不用说就知道玻璃窗上为什么没有挂窗帘了。

艾莱奥诺拉·汶肖娃
Элеонора Меньшова

结构设计师
女儿独立后搬出，现与建筑师丈夫巴雷利以及15岁的儿子亚历山大一起生活。居住的是最新式的高层公寓。

1 客厅的装饰柜上放着产自意大利和捷克的玻璃器皿。2 用白色统一的岛型厨房，一边做饭一边隔着操作台和家人或朋友聊天，其乐融融。3 和厨房一体的客厅宽敞明亮，流线型的沙发和同色系的靠垫很协调。向外望去能一览莫斯科风光，称得上是"奢侈的窗景"。

4 柔和的间接光源给宽敞的空间带来变化。5 用法国红酒的宣传画装点白色厨房。6 墙上挂着购自法国的印象派风格作品。7 除了浴室外，卧室旁边还有独立的淋浴间。8 门厅里放置的古董镜和古董桌。9 条纹壁纸为夫妇的卧室增添时尚感。

10 夫妇共用的书房。用和卧室颜色不同的条纹壁纸装饰，搭配深色的木书桌和书柜。11 客厅的装饰柜里，摆放着旅行时收集来的玻璃器皿和瓷器。12 儿子亚历山大的房间用时髦的黑白色统一。

装饰要点

因为招待客人的机会较多，艾莱奥诺拉将厨房设计成开放式的岛型厨房。一边做饭，一边照料家人和客人，谈话也更流畅愉快。在餐、厨、客厅一体的房间里，巨大的操作台还能起到分割餐厨区和客厅的作用。

小家布局

俄罗斯的新型公寓大多数都是可自由设计的大开间。在这个177平方米的家里，没有把空间划分得太碎，而是设计成宽裕的三居室。客厅还有像阳光房一样伸展出去的部分，视野非常好。

闪耀建筑家智慧的小空间设计

从历史性建筑到公寓，建筑设计师叶夫根尼娅设计的范围很广。4年前改装的自家公寓充满了专业人士的创意。这间南北通透的59平方米的公寓是20世纪60年代赫鲁晓夫时期建造的。当时的公寓结构非常紧凑，厨房和浴室也小得让人发愁。叶夫根尼娅后来想到一个好点子，把冰箱、洗衣机、玄关收纳，包括客厅的书柜合成一个整体。这个既没有凹凸，也没有高低不平的完美设计，在有限的空间里创造出极其有效的生活空间。

另外，在狭长又不好放置家具的儿童房里，她巧妙地把床安置在书桌和衣柜的中间，起到隔开学习区和收纳区的作用。儿童房的旁边设置大型储藏柜，把自行车、滑雪板和衣服一起收纳进去。在自己的卧室里更配置了特别的床头柜，把容易散乱的书籍和图纸收纳在里面。在这个专业人士的家里，聪明的点子随处可见。

可能是叶夫根尼娅的家太舒适了，总有很多建筑设计师、艺术家和考古学家登门聚会。"大家来我很高兴，但是他们太喜欢喝酒了……"这下你终于明白为什么客厅门口有一块写着"谢绝带酒"的有趣牌子了吧？

叶夫根尼娅·齐哈诺夫
Евгения Тихонова

建筑设计师
目前的工作以修复历史性建筑为主，有时也设计一些申请公寓改造所需的图纸。和14岁的儿子雷夫一起生活。

1 方形的蜡烛托和卡片是儿子送给自己的最珍贵的生日礼物。2 高达天花板的书柜后面是厨房的冰箱、浴室的洗衣机和门厅储藏柜，体现了主人颇具创意的一体式设计。3 餐桌上方温暖的橙色灯具，做饭和洗东西的时候使用的明亮射灯——在厨房可根据需要使用这两种照明方式。

4 把自行车吊在储藏柜的顶部节省空间。5 俄国动画片角色尖齿松鼠的毛绒玩具。6 狭长的儿童房。中间放置沙发床，这一侧是学习空间，里面是收纳空间。7 瓷质的铃铛摆件是母子俩去克里米亚旅游时带回的纪念品。8 正在上美术学校的雷夫的书桌。9 象征信仰的圣像画。10 狗熊玩具是儿子的女朋友送给他的礼物。11 客厅门口写有"谢绝带酒，谢绝饮酒"的牌子。

12 卧室床头的柜子用来收纳书籍和图纸，墙上的装饰架也是叶夫根尼娅的点子。13 儿时父亲送给自己的套娃。前排中间往右的"六层套娃"是她的最爱。14 门厅和客厅之间用工具箱分隔，朋友们来时可以放帽子和手套，左侧的凳子也有收纳功能。15 窗边放置书桌，在家里工作很方便。

装饰要点

作为克服俄罗斯常见的"狭长房间"的方法之一，这个家在家具的摆放上下足了功夫。儿童房的正中间放床，学习空间正好设置在最里面，便于孩子集中精力。家里的橱柜选择放在进门处，与旁边的内置储藏柜一起成为专门的收纳空间。

小家布局

厨房里多出来的冰箱和浴室里容不下的洗衣机，看上去是无法克服的难题，最后干脆把它们归纳为一个整体来解决。巧妙安置凹凸不同的物体，不仅确保了这两件家电的位置，而且玄关收纳和书架也同时一体化，最大限度地利用了空间。

装满歌唱家记忆的新艺术之家

在这幢斯大林时代建造的哥特式高层建筑中，第8号楼第44层的公寓里住着维拉一家人。

热爱高迪的维拉，自然将自己家设计成带有高迪建筑风格的新艺术气息。由意大利家具和彩色玻璃共同装饰的房间，高雅得让人赞叹不已。

维拉的父亲是20世纪50年代到60年代活跃在波修瓦大剧院的著名歌唱家叶甫根尼·贝洛夫，母亲玛丽娜曾是女演员。继承了他们美妙歌喉和美丽容貌的维拉，如今也是一位活跃在国内外歌坛的女高音歌唱家。但是她丝毫没有架子，这一点从家里的装饰就能够看得出来。

这个和儿子一起设计、用两年时间完成的家，统一成高迪风格，手工织造的窗帘体现出女性的柔美，祖母和朋友的画作透露出温馨的感觉。房间里到处都是各种俄罗斯瓷器和质朴的民间工艺品，以及"因为和丈夫长得很像"而收集来的泰迪熊……父亲生前出演歌剧《叶甫根尼·奥涅金》时的剧照，一直在这个家中静静守护着爱女和家人，也成为这个舒适温暖的家不可或缺的一部分。

维拉·贝洛夫
Вера Белова
女高音歌唱家
和身为法学家的丈夫伊格利、儿子小伊格利、母亲玛丽娜生活在一起。已去世的父亲是波修瓦大剧院的著名歌唱家。

1 钢琴上点缀着高雅的人物瓷器和迷你钢琴摆设。2 曾获"名誉艺术家"称号的父亲的遗物都被完整地保存在母亲的房间。墙上凹进去的画，是将绘画作品的画布剪成同样的形状贴上去的。3 客厅的天花板和地板上新艺术风格的精美设计。钢琴上方的墙壁上挂了一幅现代幽默版的《最后的晚餐》。

4 母亲房间里的一整面墙全是圣像画和绘画作品。5 在父亲生前演出歌剧《叶甫根尼·奥涅金》的剧照下面，摆放着一把像是特等专座的意大利扶手椅。6 用鲜艳的圣像画装饰餐桌边的角落，左下角是苏联时期的收音机。7 儿子小伊格利的房间使用装饰艺术风格的家具，看上去十分时髦。以日式移门为灵感制作的玻璃移门打开以后，卧室和客厅连成一体。8 流线型的梳妆台下放置着收集来的毛绒玩具。9 马赛克装饰的浴室很有高迪风格。10 俄罗斯人物瓷器。

11 用以区分客厅和厨房的彩绘玻璃隔断，它其实和餐桌是连成一体的，一家人用餐或是聊天都在这里。12 餐厨区的一角放着缅甸制造的抽屉柜，收纳零碎物品，上面也装饰着圣像画。13 抽油烟机周围摆放着"格热利"餐具和摆设，以及旅行时收集来的各种民间工艺品。14 卧室的床罩是手工羊毛编织品。15 "格热利"瓷器做的俄版维尼熊"比尼普福"，是俄罗斯非常有人气的动画形象。

15

16

17

18

16 用来自意大利的家具和灯具、设计师手工织造的窗帘装点的优雅卧室。祖母和朋友的绘画作品给空间带来温馨感。17 维拉非常喜欢毛绒玩具。家里人送的和自己收集的加在一起大概有300多个，其中熊是她的最爱。18 俄罗斯传统的手绘木碗用来装信件。19、20 门厅的镜子和衣架以及进出门放置物品的铁椅也都用高迪风格统一。

19

20

装饰要点

全部房间用新艺术风格统一的小屋。间接照明的使用值得学习。古董式样的灯具装饰性强，仅仅照出精致的家具和床头，就能感觉到优雅的气氛。

小家布局

客厅和餐厨区融为一体，公共空间宽敞。再将紧邻的儿子房间的移门打开的话，空间会变得更大。电视和音响都在儿子房间里，所以这个房间既是个人空间，也是公共空间的一部分。

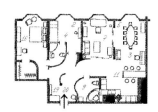

享受自然风格的乡间小屋DACHA

在俄罗斯，很多人都拥有被称作"DACHA"的乡间木屋别墅，在饱享郊外大自然的同时，还能体验到不同的装饰乐趣。据说若不尽览公寓和别墅，不算了解俄罗斯人的生活。因此请维拉带我们看看她的别墅。

从莫斯科驱车大约50分钟，就来到了维拉在鲁帕诺博地区的小别墅。这里采用的是德国发哈贝尔克式样的木质结构。这个家是用来彻底放松的地方，所以选择家具时特别注重舒适度。从非洲和东南亚地区旅行带回来的摆件营造出殖民地气氛，这让维拉很享受。

维拉几乎每周都会邀请朋友一起来这里。傍晚到达后，大家一起吃晚餐、聊天，第二天则分头行动，有的享受俄罗斯式桑拿"巴尼亚"，有的在林间散步、听音乐……"每个人都自由度过，享受远离都市的空间"，精神抖擞后再回到都市。这就是俄罗斯常见的周末生活方式。在都市和郊外拥有不同的家，以取得内心世界的平衡。

1 看得到树林的客厅。有钢琴和影碟机，主人常在这里欣赏音乐。2 一直放在别墅里的老鼠玩具。3 右下角是炉灶。

4 丈夫伊格利的书房。用木质家具搭配木质结构的家。5 附属小屋里放置着很大的沙发和玻璃桌。用水烟作为装饰。6 优雅地映照着卧室梳妆台的意大利落地灯。7 别墅生活里不可缺少的"巴尼亚"桑拿房。搭建木材用的是不容易燃烧的白杨树。8 可以防止头晕的巴尼亚专用帽。

9 卧室的窗帘和床罩是用意大利布料定制的。10 雪夜的别墅。这里有井水，用来泡茶很不错。11 壁炉上装饰着质朴的非洲摆件。12 维拉经常在日本和其他国家举办音乐会。无论到别墅还是出国演出，她都会带着毛绒玩具做伴。

装饰要点

一般乡间别墅都是木质结构，适合搭配木棉窗帘、藤椅等自然素材的家居用品。有些放在都市公寓里太朴素的摆设，放在DACHA倒是很合适。

小家布局

占地面积1 500平方米，非常大的宅子。一般的乡间别墅只有600平方米左右。三层的主建筑包括厨房和客房，附属小屋里设有"巴尼亚"桑拿房和游泳池，和主建筑之间用走廊连接。

3层

2层

游泳池

附属小屋

2层　　1层

1层

俄罗斯女性的
智慧生活术

俄罗斯女性的家强调自我生活方式
值得学习的创意和智慧处处闪现
以下详细介绍和她们密不可分的俄罗斯公寓
以及包括家居杂货店在内的俄罗斯生活信息

※本章根据2011年2月情况编撰

揭开俄罗斯公寓的神秘面纱

俄罗斯人的生活在日本国内很少有人知道。为了理解本书出现的女性们的居住环境，有些与俄罗斯公寓相关的特殊状况必须介绍一下。

从父辈传承下来的免费住房
生活在社会主义时期国家分配房里的人们

　　和欧洲人一样，大多数俄罗斯人都住在公寓里，但在前言中也提到过，这个国家的住房情况和别的国家非常不同。不同的关键在于大多数人住在苏联时期国家分配的房子里，而这些房子现在成为个人财产。也就是说，很多人住在免费得到的房子里。这在我们看来实在令人羡慕。虽然苏联最终因各种矛盾走向解体，但它歌颂平等的理想，确实给了人们实惠。

　　现在的俄罗斯终于能够买卖和租赁房屋了，但是大多数人还是把公寓从父辈传给孩子，期间经过修缮改装，可以一直居住下去。有趣的是，像书中采访的妮娜和叶夫根尼娅那样通过"交换房子"得到现在住所的人也不少。

　　苏联时期分配的房子，规定每个家庭每人9平方米。但是家庭人口会随岁月而增减，所以人们开始以合适的条件互相交换房子。根据面积和地段，如果公寓房价值有差别的话，一方就用现金支付差价。应该说，在不动产曾经是国家财产的时代背景下，才有这种"公寓交换"的情况产生。

笔者采访期间居住的就是苏联时期的公寓。最近出现了这类向旅行者提供短期租赁的公寓酒店，能够体验俄罗斯的公寓生活。

两居或三居的小型格局是主流
斯大林时代的"斯大林卡"最有人气

　　俄罗斯的普通公寓为两居或者三居，包括卧室、客厅、儿童房、狭窄的餐厨区、组装浴室和卫生间。玄关处有个小小的脱鞋区域，和日本人一样，俄罗斯人也不能穿鞋进入房间。

　　公寓的大门和各个房间的门都有不同的锁，让人感觉戒备森严。开几重锁才能到达屋里的情况在俄罗斯

亚蕾芙齐娜（P86）50平方米的两居室，差不多达到了俄罗斯人口居住面积的平均水平。门厅和走廊越大越有人气。

很常见。同时为了防寒和隔音，玄关的门简直就像录音棚的门一样厚重，窗户也是双层的。整栋楼用暖气来取暖，冬天室内非常暖和。

最近在俄罗斯也开始建造高级公寓，这对普通老百姓来说仍然高不可攀。大多数人居住的苏联时期的公寓，根据建造的年代不同，其建筑类型也有不同。最有人气同时也最有投资价值的是被称为"斯大林卡"的公寓楼。从斯大林执政时期的20世纪40年代到20世纪50年代前期建造的这种建筑物，最大的特点是天花板高、户型大。直到以1964年为起点的赫鲁晓夫时期，一下子建起了无数的方形简易楼。这种房子被称为"赫鲁晓夫卡"，格局局促，价格也较低。听说近年来年轻夫妇购入新居的情况增多，购入对象也多是这种"赫鲁晓夫卡"。

另外，一直租房住的人还是少数，本书介绍的公寓里面，租借的只有玛利亚和安娜一个例子。租住时一般都要自己和房东商量，在房间的使用上有的房东会给予很大的自由度。当问到喜欢在墙上直接画画的玛利亚和安娜，退租时是否需要把墙壁还原时，她们说："那多可惜，房东也很喜欢，留着没问题。"看来一切取决于房东的心情。

乡间藏着另一个家——DACHA
与公寓风格迥异的家居实验室

俄罗斯的另一个特殊的居住状况就是郊外木屋别墅DACHA的存在。这也是苏联时期国家分配的房子，俄罗斯很多城市居民都有一栋这样的房子。平时主要生活在公寓，当夏天到来，每到周末就去别墅种种菜或在俄罗斯式桑拿"巴尼亚"蒸汗，悠闲度日，这就是俄罗斯式的生活方式。装饰上用蕾丝窗帘和印花桌布，搭配契合田园生活的可爱家居用品，大胆尝试在市区的公寓里无法实现的家居风格。像本书介绍的维拉一样，很多俄罗斯人在乡村别墅里享受着另一种属于自己的生活。

摄影师伊万到达被采访者的公寓门口。不按密码就无法进入大楼。

维拉居住的斯大林哥特式高层公寓（P106）。入口处有门童，好像饭店一般。

艾琳娜（P40）居住的公寓建造于赫鲁晓夫时代，红砖砌成的建筑物非常牢固。

维拉的DACHA（P112）。对公寓来说太过甜美的花朵图案，很适合木头房子的气氛。

传承旧物、尊崇传统的自我风格

俄罗斯传统的美学品位加上居住者的个性，酝酿出不可思议的俄罗斯家居氛围。让我们探究一下打造自我风格房间的秘密。

古老的公寓是俄罗斯人最珍贵的宝贝
传统杂货代代相传

走访俄罗斯人的家，最令人印象深刻的是每家都装饰着象征俄罗斯东正教的圣像画。这出现在老婆婆的房间尚且可以想象，但是就连20岁女孩的家里也有圣像画。其实不一定非得是虔诚的教徒，对俄罗斯人来说，圣像画的存在是心灵的依托，是家的守护。

俄罗斯的茶炊、代表传统工艺品的"格热利"和罗蒙诺索夫瓷器等，这些在日本被统称为"俄罗斯杂货"的生活物品，出现在厨房和客厅的各个角落。代代相传的东西仍被珍惜地使用着，这恰好触碰到俄罗斯人注重传统的心。

装饰达人格丽娜（P56）把古董小物件、饰品和圣像画放在一起，互相映衬。

大多数建了几十年的古老公寓经过改装和整修后，一家人仍然在这里小心翼翼地居住着，家具也一样，几乎都是从父母或者祖父母那里继承下来，或把破旧的古董修补后继续使用……对了，关于古董还有一个有趣的话题。现如今在俄罗斯也把古董当成宝贝，但是在过去的苏联时代，古董被视为"资产阶级情调"，根本没有价值。因此，布拉达的母亲就曾经用一瓶伏特加换来一把古董椅子。父母们在苏联时期收集来的家具，现在变为儿女们家的装饰品。

享受不花钱的手工制作过程
现成家具变身原创作品

俄罗斯女性都是手工达人，会手工缝制窗帘和沙发罩，会刷墙，就连修理或改装都能自己完成。采访中最厉害的是亚历山德拉一家，自己设计，自己制作，花费了很多心思。很多俄罗斯人都有在自己的郊外别墅装修的经验。近年来也有人开始请专业公司帮忙，但此前多是自己动手装修的。

玛利亚把父母收集的古董家具作为房间内的基础风格（P12）。搭配亚洲杂货和南国情调的花朵，打造慵懒的殖民地风格。

俄罗斯人生性讨厌和别人一样。虽然俄罗斯现在也流行宜家家居，但是他们不会按原样照搬，而是和原有的古旧家具搭配使用，或是加工变成自己的风格。说到底，俄罗斯女性只是把简洁的功能性单品当作家居素材使用。好比原木的套娃，涂上自己喜爱的颜色才能成为家居用品。

套娃制作家艾琳娜（P40）用绘制套娃的画具，把宜家的柜子改为原创作品。

与其收藏，不如大胆"秀"出来
收纳空间之外不放杂物

俄罗斯公寓的平均面积在40~60平方米，空间不能算大，但收拾得干净利落的人家却很多。俄罗斯式收纳的一大特点就是苏联时期的大型万能组合柜。占据一面墙的柜子从书籍到餐具什么都能收纳。不少家庭有大储物柜，并在走廊高处装有吊柜，用来放各种乱七八糟的杂物，这样生活空间就利落多了。明确区分哪里放置东西、哪里不放置，可以说这是房间保持整洁的最大窍门。

还有一个有趣的现象，每个家的厨房和客厅的橱柜上都装饰着体积较大的厨具和古老的茶具。在一次拍摄中，高个子的摄影师伊万从高高的柜子上取下茶具，主人竟然说："已经10年没有碰过它了！"也就是说平时不使用的东西并不会收进柜子的深处，而是放在看得见的地方作为装饰品，这就是俄罗斯风格。每天看着这些宝贝，带有强烈亲切感的回忆会重新涌现。

俄罗斯式收纳还有一个秘密，那就是把不用的东西都搬到DACHA去。原来，郊外的别墅还有仓库的功能。

玛利亚和安娜（P34）在墙上画竹子，用以搭配宜家铁艺床的铁栏杆。

关注俄罗斯人的布艺技巧
桌布和窗帘如何巧妙点缀

俄罗斯人家里最多的要数花纹图案。特别是老婆婆的家里，无论壁纸、地毯还是沙发都带有各种图案。仔细观察会发现色彩里存在一定的规律。比如格丽娜的家，浅绿色壁纸搭配灰褐色的地毯和橙色系的沙发罩，用相近色系实现了协调统一。老婆婆的图案使用法则真让人佩服。

有些家庭的图案运用在餐厅的桌布上。使用艳丽图案的桌布是俄罗斯人的偏好，在桌布上放置设计简洁的盘子和玻璃器皿后，从余下的地方露出一小块，一小块

吉娜（P78）的房间里放置了一个带大镜子的大衣柜。从苏联时期用到现在的有几十年历史的老家具很让她骄傲。

的图案，非常好看。有些家里为了清理方便，日常生活中会使用塑料桌布。但一旦来了客人，一定会换上高级桌布，让餐桌瞬间"变脸"。

窗帘的表现方式也很独特。有垂到地面的长窗帘，也有短得夸张的蕾丝窗帘。很多家庭的窗帘尺寸并不按照窗户尺寸来裁剪。从天花板直垂到地上的窗帘挂上后不仅显得豪华，而且提升了房间的高度。反过来，极短的窗帘对窗外的美景起到勾绘轮廓的作用，令人赏心悦目。

不同生活搭配不同的照明
新灯具换来好心情

格丽娜家满是图案却很协调（P82）。用同色系统一是关键。

无论走到哪家，都会惊异于照明灯具的种类之多。当然，他们都不用日光灯，因为俄罗斯的冬天漫长，比起刺眼的冷光源，大家都更喜欢温馨的暖光源。不光是吸顶灯，还有射灯、台灯等多种选择。看书时用台灯，放松时用射灯，根据需要分别使用。俄罗斯女性最喜欢吊灯，因为俄罗斯家庭的整体家具都比较素净，加上华丽的吊灯后，房间一下子变得高雅起来。用一个照明就能改变房间的表情，这使俄罗斯女性在选择灯具时决不妥协。比如妮娜会根据自己的心情调换灯具，柳博芙觉得"不必买新的家具，只要更换照明，房间就会焕然一新，太划算了"。说到更换布置，我们一般想到的是买新家具，或是改变家具的位置，绝不会想到"更换照明布置"，这真是让居住空间千变万化的一个聪明技巧。

布拉达家用大量的布料制成手工窗帘（P2）。清爽的浅蓝色不会显得过于厚重。

家电化身好看的家居用品
让液晶电视和洗衣机美起来

一般来说，最新的家电用品不太容易融入家居装饰里，但是俄罗斯女性就能把家电协调布置于其中，真不愧是达人。比如维拉和玛利亚的家会把超薄电视机像挂画一样挂在墙壁上；玛利亚和安娜用了雕刻风格的电视

妮娜家客厅一角的落地灯和边桌上的蜡烛托（P68）。同样的空间，改用间接光源能提升纵深感。

架；柳博芙很好地利用照明，让电视机看上去像摆设一般。还有些家庭为了避免集中供暖的暖气片暴露在外，用木框罩起来配合房间色调。在俄罗斯，看到最多的还是把洗衣机放在厨房这种出乎意料的做法。可是，不得不承认，洗衣机和整体厨房的高度正好一致，看上去很协调。这种整体橱柜本来是欧洲的规格，但是正好符合浴室里狭窄得放不下洗衣机的俄罗斯公寓的环境，因此近几年普及很快。这在日本不太能被接受，但是这里的人们觉得做饭的同时还能洗衣服，谁都觉得"非常方便"。这确实是缩短家务路线的好办法。听说在日本，只要向商家要求，也可以把洗衣机安装在厨房里。

非对称摆放的装饰画高高挂起
仿佛美术馆的装饰技巧

　　在俄罗斯，爱把绘画和照片镶框装饰在墙上的人不在少数，挂的方式也很有讲究。他们不会仅仅把同尺寸的作品并列装饰，而是选择大小不同的画框错开距离组合，不拘泥于左右对称。也有些家庭把不同质感的画框和装饰品挂在一起，就像是美术馆的一角。可能主人小时候经常去美术馆，已经把画作的展示方式牢记在心了吧。生长在艺术大国俄罗斯的人们，在不知不觉中具备了墙壁装饰的优雅品位。

　　另外，画作悬挂的高度也很重要。不能挂在目光平视的范围内，一般挂在天花板以下10厘米处。绘画的上半部分出现在很高的位置上，这样的话视线往上看，会觉得天花板比实际的要高，房间也会看上去大些。试试这个不可思议的方法吧！

维拉（P106）母亲房间里的壁挂式电视机和上方绘画作品的尺寸相同，和圣像画也十分协调，就好像家具的一部分。

巴尔巴拉（P22）的现代式厨房里也有滚筒式洗衣机。上面设置台面，既能放东西，也能作为操作台使用。

用利玛（P64）的家做例子。一般在日本挂画的话，也就是中间这幅画的位置吧，差不多相当于平视的高度。俄罗斯人却把两侧的画框挂到接近天花板，这让墙壁显得更宽，也让天花板显得更高。

向俄罗斯女艺术家
学习手工技巧

　　自己能够改造家的俄罗斯人，当然最喜欢手工制作了。用意想不到的自由创意，不花钱就能做出自己想要的物品。下面由两组手工达人给大家传授俄罗斯式手工技巧。

第一课　闲置物品巧妙变身
库塞尼亚教你制作拼贴相框

剪和粘贴　让孩子也一起来做吧

本书的摄影师伊万也是莫斯科国立美术学院的毕业生。艺术家库塞尼亚是他的学妹（P50），她擅长用纸和布制作拼贴作品。用简单的镜框加上专业人士介绍的技巧，试试一学就会的拼贴相框吧。

材料

· 相框（这里使用宜家的镜框）
· 剪刀　· 刻纸刀　· 木工胶　· 工艺品粘贴剂
· 铅笔　· 尺子　· 毛笔

以下拼贴材料任选其一
· 旧挂历
· 旧乐谱（觉得可惜的话可以复印来用）
· 漂亮图案的包装纸　· 小段蕾丝　· 珠片

1

大致在脑子里构思好画面，这次的主题是在当下俄罗斯很有人气的威尼斯。

2

背景素材用手撕出轮廓。库塞尼亚很喜欢使用视觉效果好的乐谱。

3

主要素材（这里用的是挂历照片）用剪刀大致剪好。

4

用手撕出边缘可以营造手工感。如果是薄纸，可以一开始就直接用手撕。

5

将撕好的素材放在相框上，并调整位置。

6

木工胶加水调稀后，用毛笔蘸上胶涂在背景素材的背面。

7

粘好后用手按紧。当然，胶水也可以直接涂在木框上。

8

用剪刀剪掉镜框四周多出来的素材。

9

用刻纸刀将镜框内侧多余的素材纸裁去。

10

把主要素材贴到镜框的不同位置。不能犹豫，不要拘泥于最初的构图，享受即兴构图的乐趣。

11

再把喜欢的包装纸图案和漂亮的文字部分撕下来贴在空隙处，完成基本构图。

12

用尺子量出镜框的厚度，剪出相应宽度的包装纸，注意选择带有图案的部分。

13

用木工胶把剪好的包装纸粘贴在镜框的侧面。

14

这个步骤体现专业技巧：撕下小块描图纸，贴在想要有模糊效果的地方。

15

为了做出立体感，可以把小段蕾丝贴在镜框上。库塞尼亚用的是用红茶染过的蕾丝。

16

木工胶晾干后，配合主要素材的颜色，放上几颗珠片看看效果。

17

用工艺品粘贴剂把珠片粘上去，这里也要即兴发挥，且不能犹豫。

18

用沾水的布轻轻擦掉镜面上多余的胶和粘贴剂。

完成！

放大的细节在这里。模糊工艺增添了梦幻气氛。

库塞尼亚说："拼贴用便宜的材料就好。手工可以发挥想象力，我也经常在孩子们的手工教室里亲自教他们。"要是亲子一起制作的话一定很开心。

第二课

让你的墙面与众不同！
玛利亚和安娜教你超简单的壁画技法

30分钟让死气沉沉的厨房墙壁变得可爱起来

美院出身的玛利亚和安娜（P34）在此展现她们在墙上绘画的原创技巧。只要是用铅笔能画得上去的地方，都能用到这种方法，比如白色家具、冰箱或者移门。

材料

- 绘画（这里用照片代替）
- 画图铅笔（硬度以2B为佳）
- 纸巾
- 胶带
- 圆珠笔　　　　· 细画笔
- 丙烯颜料　　　· 粗刷子

1

将想描绘到墙上的照片或绘画进行黑白复印并放大。这里用的是定时拍摄的照片，送到冲洗店放大到等身大。"只花了复印的钱。"玛利亚和安娜说。

2

将放大后的复印纸翻过来用铅笔涂黑。不用整面涂，只要把墙上需要的人像部分的背面涂黑。

3

用纸巾把铅笔印迹抹开，"这样的话墙壁不容易弄脏"。

小贴士

安娜事先让胶布在自己的衣服上沾上少许纤维。

这样能减少胶布的黏性，让胶布更容易从墙上取下来。

4

墙壁也要擦干净，把放大的复印纸放在合适的位置上，贴上胶布临时固定。

5

用圆珠笔从纸上用力勾出人物的轮廓，这样背后的铅笔印迹就会留在墙上。

描得有些不齐也不用担心，之后可用粗线条盖住。

与原照片对照，确认细节的准确性。

6

拿开复印纸，把墙上留下的淡淡的铅笔印迹再描画一遍。

7

用蘸着丙烯颜料的画笔勾画原先的铅笔印迹，并将内侧涂满。

8

轮廓内部可以使用大一点的刷子。小心颜料不要滴落，窍门是从下往上涂。

9

最后进行微调，大功告成。

小贴士

可以把用不到的复印纸垫在脚底。"这样颜料就不会滴落在地上了"，实现废物再利用。

完成！

"想要彩色的话还可以加颜色，戴上真的耳环会变得更加立体有趣。""背景加上山和森林也不错！"两个人开心地讨论着。壁画的魅力就在于无穷的创意。另外，玛利亚从细微的地方小心勾勒，最后加快涂抹中间部分，而安娜则是先大胆涂抹大块面积，轮廓留到最后勾勒，这显现出两人完全不同的性格。

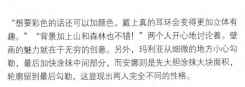

在俄罗斯购买杂货
先要了解的购物情况

套娃、"格热利"小物件还有漂亮花纹的布制品等，这些俄罗斯传统工艺品和杂货让人一看到就特别温馨。在当地找到一件自己心爱的东西，带回去装饰你的家吧。

在俄罗斯购物和在欧美国家稍有不同。毕竟20多年前这里还是社会主义国家，商店也是国营的。一些有商业嗅觉和超前性的商家的诞生也是最近10年的事情。

尽管商品质量和服务水准提高了几个台阶，除了在莫斯科这样的大城市，其他地方的商店类型还是不太丰富。

但是随着经济急速发展，人们在家居用品上的预算增加，家具店、灯具店和家居杂货店也越来越多了。苏联时期，一件家具一般可以用上20年到30年，而现在家具的选择不断增多，因此慢慢呈现出几年下来就要更换家具的倾向。

最具人气的要数法国、意大利等欧洲制造的家具和灯具，可惜基本上没有俄罗斯当地家具。不过我们最关注的是俄罗斯女性家中不经意地放置着的传统工艺品和布制品、朴素而可爱的摆设等，统称"俄罗斯杂货"。寻找这样的杂货，就要去纪念品商店、百货公司、超市和被称为Kiosk的街头小店，或者"路伊诺克"（市场）。快去路伊诺克享受讨价还价的乐趣，找到只属于你的俄罗斯杂货吧！

俄罗斯快乐购物6条法则

1. 找到了就买

看到喜欢的东西，一定不能犹豫，要立刻买下。也许你想货比三家后再买，但是同样的东西可能再也没有了，而在如此大的莫斯科，找回原先那家店也是很难的事情。

2. 时常问路

如前所述，俄罗斯非常大。地图上看上去很近的距离，往往比想象的远得多。路面也很宽，又没有人行横道线，过街是很辛苦的事情。如果迷路了，一定要马上问路，以免走失。

3. 用俄语沟通的乐趣

一般的商店不用英语沟通是很正常的。俄罗斯人看上去有点可怕，其实很亲切，也很友好。手拿会话书，和店主用俄语打招呼吧，或者在路伊诺克用动作和手势讲价，也很不错哦。

4. 携带购物袋

最近俄罗斯有些商店也开始使用可爱的购物袋，不过路伊诺克和露天小店可不一定有。超市的袋子往往是收费的。为了以防万一，包里装个袋子比较好。

5. 记住货币汇率

俄罗斯的货币单位是卢布，有的地方也收美元和欧元。比如对方说"卢布300，美元10块"，达人能快速换算出付哪种货币更划算。所以，购物前不妨先到换钱的地方了解一下汇率。

6. 注意禁止携带出境的物品

请注意，在俄罗斯，艺术品和古董被禁止带出国。禁止携带的物品包括：有50年及以上历史的乐器、绘画、圣像画、邮票等。携带文化部证明或能够证明物品为原先携带入境并有海关申报单的除外。

莫斯科的家居杂货店
购物指南

走在俄罗斯繁华的首都莫斯科，从主题公园一样庞大的大型家具店到时髦的格子铺，买得到各式各样家居杂货的地方比比皆是。到莫斯科人常逛的商店去淘宝吧。

本书的采访对象以莫斯科市区和近郊居住的女性为主。莫斯科是俄罗斯最前沿的大都市，家居用品店比比皆是，最近还开始举办欧洲式的跳蚤市场。郊外的"宜家"和"特里其他"等大型家具店也陆续开张。由于设有餐厅和咖啡店，节假日开车来这里待上大半天的家庭越来越多。在这个崭新的"游览胜地"，观察莫斯科人挑选什么样的家具、怎样度过假日，也不失为一件有趣的事情。

接下来，轮到商店登场了。根据本书采访过的女性的推荐，我们从路伊诺克以及各种商店、爱好俄罗斯杂货的人常去的地方中，挑选距离地铁站近又好找的地方介绍给你。此外，还加入了第一次去俄罗斯的人可以在观光途中顺便走访的传统购物商店。莫斯科市内的道路网络十分发达，公共交通以地铁为主。而且每个地铁站的内部设计装修都不同，十分考究，也许在坐地铁的途中就能找到家居装饰的灵感。

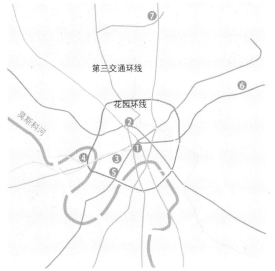

多重环状道路重重包围，莫斯科街道被喻为"飞镖盘"。

❶ 克里姆林宫和红场周边
❷ 特维斯卡娅大街周边
❸ 阿尔巴特街周边
❹ 基辅站周边
❺ 帕尔克·库利图雷地区
❻ 伊兹迈依洛沃地区
❼ 维登哈地区

左侧的地图大致标明接下来介绍的购物地点所在区域的简略图。不同颜色的线代表莫斯科的各条地铁线路。

到其新卡跳蚤市场去寻找杂货

Художественный проект 《Блошиный рынок》

"俄罗斯也应该有欧洲那样的跳蚤市场！"有这种想法的年轻人筹划了一个艺术项目，其新卡跳蚤市场就此诞生了。室内的展位聚集了参展者带来的商品，从古董到手工艺术作品应有尽有，想要寻宝的莫斯科人也纷至沓来。每年3月、6月、9月、12月共举办4次，每次包括周末在内一共为期4天。

跳蚤市场定期在其新斯卡娅广场前的其新卡购物中心3层的特卖会场举行。▲

有人出售自制灯罩和镶框的拼贴画，都是绝无仅有的手工艺品。▲

当地人把跳蚤市场称为"布洛欣卡"，要找家居杂货，来这里最合适。▶

说起俄罗斯就会联想到狗熊。这是白熊款的泰迪熊。

个人和商家都可以租借展位展出商品。1 500平方米的场地可容纳将近200个展位，非常壮观。◀

只卖黑白色商品的时髦展位，店员也打扮得既漂亮又有个性。▲

以出售手工连衣裙和首饰、古董衣服、旧鞋子等布制品为主的展位。◀

出售古老的铁熨斗、铜制厨房用具甚至捕熊用具的展位。◀

娃娃制作师不但提供只此一件的手工制作，还有古董娃娃。其他出售娃娃和毛绒玩具的展位也很多。▲

俄罗斯女性最喜欢泰迪熊，能找到中意的商品真是太高兴了。▲

叫作"娃连基"的毡靴防寒效果很好。图案和形状也很可爱，是最值得推荐的单品。◀

带有橡胶鞋底和保暖鞋套的防寒靴。◀

让人回忆往昔的铁皮玩具和过家家用的迷你厨具。

据说只要付展位费，谁都可以在这里开店。这位女士展出的主要是绘画作品。▲

俄罗斯现在正兴"汉字热"，因此也有人出售这一类东方情调的拼贴作品。▲

古董也很丰富。古董手袋和灯具、餐具等比其他地方便宜许多。▲

著名服装设计师艾琳娜·斯普鲁恩也来参展，她的女儿在展位帮忙。▲

苏联时期的列宁像和瓷器。瓷器种类繁多，令人目不暇接。▲

在俄罗斯，具有民族风情的小摆设也很受欢迎。◀

圣诞树上的装饰品也可以用来装饰房间，右图里有两只可爱的布袋人偶。▶

古董银器和玻璃器皿，比在古董店买当然要便宜多了。▲

除家居杂货外，还有出售唱片、旧书和手工制作主题杂志的店家。▲

出售的玩具不仅有俄罗斯的，还有欧洲的。日本古董有时候也卖得很便宜。▶

眼下最受瞩目的俄罗斯瓷器，懂行的人一般会翻过来查看瓷器底部的厂家刻印。▲

也有俄罗斯女性最爱的吊灯卖。茶具也值得收藏。▲

手工制作的娃娃屋里住着小白熊。在跳蚤市场里一定能找到有趣的东西。如果正好赶上日子，不妨去看看！◀

地址：Тишинская пл.д.1,ВЦ"Т-Модуль"
电话：（495）739-05-00
举办时间：每年4次，每次12:00（休息日11:00）-21:00
网站：http://www.bloxa.ru/
交通：地铁2号、5号线贝拉鲁斯卡娅（Белорусская）站下车后步行10分钟

<特维斯卡娅大街周边>

贝拉鲁斯卡娅站 Ⓜ
ул.Б.Грузинская
ул.Тверская
★ 其新卡
跳蚤市场

伊兹迈依洛沃的贝鲁尼萨基大卖场

Вернисаж в Измайлово

套娃和切布拉西卡、霍夫洛玛厨房用品和布制品等，俄罗斯杂货在这个固定的市场中应有尽有。现在这里已成为有名的观光景点。莫斯科人为装饰房间寻求创意时会来到这里，可以说是生活杂货的宝库。因为都是个人摊位，平日里营业时间不尽相同，可以选择周末或周三来，因为这两天出摊的店最全。古董区的苏联时期餐具和瓷器最值得购买。

地铁帕尔齐赞斯卡娅站下车后，顺着左手边的伊兹迈依洛沃酒店区方向再往前，有高耸屋顶的建筑就是。门票10卢布。▲

带有CCCP商标的苏联时期缝纫机，上面锤子和镰刀的标志令人怀念。▲

市场的两侧，摊位一个接一个，有的工匠自己开店出售自己的作品。▶

便携式唱片机的颜色很鲜艳。◀

市场里的俄罗斯传统木屋建筑。二楼有咖啡厅可供休憩。▲

以红、黑、金色为基调的俄罗斯传统漆器——霍夫洛玛彩绘。▲

套娃、切布拉西卡、列宁和斯大林头像，杯子的图案各种各样。▲

苏联国产车的迷你模型现在也是收藏家热衷收集的东西，最前面的"莫斯科人"价值2 000卢布。▶

套娃图案的围裙和拼接毯，还可以买到印花桌布。▶

老婆婆编织的围巾又轻又暖和，颜色多得不知道选哪条好。◀

清新的"格热利"瓷器花纹围裙和防烫手套组合。▲

常见的套娃，从经典款式到新式的猫和维尼熊，种类繁多。▲

在国际象棋盛行的俄罗斯，有的象棋以套娃作为"兵"。▲

都灵奥运会时第一次露面的白色切布拉西卡也被做成套娃。▲

"一个一个可都是手工做的！"卖国际象棋的大叔不遗余力地介绍着。▲

巴拉莱卡琴和茶炊形状的冰箱贴，相信一定会把冰箱点缀得非常可爱。▲

逛布艺店时，店主特意把商品从袋子里拿出来给我们看，并说："多买更便宜！"▶

"格热利"瓷器的特征在于白底蓝花图案，可选择的商品有磁盘、杯子、茶壶和动物造型等。▲

画着切布拉西卡、政治宣传海报和观光胜地图案的杯子。◀

葱头教堂形状的彩色蜡烛作为装饰也很好看。◀

莫斯科奥运会吉祥物米莎的徽章一直很有人气。◀

在黑底上细腻描画的帕雷芙漆器盒，巴拉莱卡琴形状的盒子也可以放东西。▲

古董区出售的苏联时期对杯才100卢布，非常划算。▲

在俄罗斯家庭的厨房里经常能看到茶炊的身影。现在多数不实际使用，仅作为装饰。◀

出售帕雷芙漆盒的大叔笑着说"用美元支付也行"。▲

俄罗斯童话里常常出现的刺猬的摆设，非常可爱。◀

周末人最多的古董区，放满了茶炊、餐具、旧书、纪念徽章等各种在家中被忘却的杂货。值得推荐的是苏联时期的人物瓷器和朱红色的日常餐具。想要确认是不是苏联时期的东西，可以试着问："诶他·索杯茨基？"▲

地址：Измайловское шоссе,73Ж
电话：（499）166-55-80
营业时间：9:00—18:00
网站：http://www.moscow-vernis-age.com/
交通：地铁3号线帕齐齐赞斯卡娅（Партизанская）站下车后步行8分钟

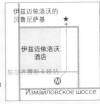

<伊兹迈依洛沃地区>

伊兹迈依洛沃的贝尔尼萨基 ★
伊兹迈依洛沃酒店
帕尔齐赞斯卡娅站
Ⓜ
Измайловское шоссе

阿尔巴特街
ул.Арбат

位于地铁阿尔巴茨卡娅站（Арбатская）和斯莫连斯卡娅站（Смоленская）之间的阿尔巴特街，是观光游客喜欢光顾的区域。石子路两旁开了很多家俄罗斯民间工艺品商店和古董店、餐厅以及咖啡厅，每天晚上街灯亮起的时候，整个街道风情万种。因为是步行者天国，很适合一边散步、一边慢慢选购喜爱的家居饰品。

贵族和文人曾经居住过的阿尔巴特街极有情调。现在成为经营套娃、手工桌布、苏联时期陶瓷器皿和古董的商业街。

阿尔巴茨卡娅·拉比茨阿
Арбатская Лавица

集中俄罗斯民间工艺品的阿尔巴特街老字号

阿尔巴特街的纪念品商店里，商品虽然大同小异，但要想在安静的环境中挑选杂货就一定要来这里。原国营背景的商店里，最值得推荐的商品是桌布和纱巾等布制品、阿尔汉格里斯库地区的民间工艺品，等等。

地址：ул.Арбат,д.27
电话：（495）690-56-89
营业时间：9:00～21:00
交通：地铁3号线、4号线阿尔巴茨卡娅
（Арбатская）站下车后步行10分钟

地下通道的杂货商店鲜为人知
Магазинчики в подземных переходах

在莫斯科过大马路时，经常以地下通道代替人行横道，这种地下通道是购物的好去处。各种俄罗斯民间工艺品和切布拉西卡相关的商品夹杂在日用品和食品当中。规模最大的有地铁特维鲁斯卡娅站、阿尔巴茨卡娅站、卢比扬卡站连接的地下通道、连接波修瓦大剧院和大都会饭店之间的地下通道等，玻璃小屋式的商店令人眼花缭乱。

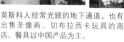

莫斯科人经常光顾的地下通道，也有出售圣像画、切布拉西卡玩具的商店。餐具以中国产品为主。

克里姆林宫和红场周边
古姆百货店
Главный Универсальный Магазин
能遇见罗蒙诺索夫瓷器和切布拉西卡的老字号

红场对面的原国营百货店。回廊周围是各种高端名牌店，3层专卖罗蒙诺索夫皇家瓷器。1层设有以切布拉西卡为吉祥物的俄罗斯运动品牌BOSCO SPORT专卖店。

地址：Красная пл,3
电话：（495）788-43-43
营业时间：10:00—22:00
网站：http://www.gum.ru/
交通：地铁3号线普罗夏基·雷博柳茨（Площадь Революции）站下车后步行5分钟

克里姆林宫和红场周边
纳斯雷杰
Наследие
高品质、多品种的俄罗斯传统工艺品

红场入口处国立历史博物馆里的美术沙龙。以莫斯科近郊的威尔比尔基和格热利生产的瓷器为主，各种高品质的传统工艺品随你挑选。店铺门前有穿着民族服装的工作人员，是拍照留念的好地方。

地址：Красная пл, 1/2
电话：（495）232-68-22
营业时间：9:00—21:00
网站：http://www.present.ru/
交通：地铁3号线普罗夏基·雷博柳茨（Площадь Революции）站下车后步行4分钟

特韦鲁斯卡娅大街周边
套娃博物馆
Музей Матрёшки
套娃世界、杂货宝库

展示有年头的套娃和创作套娃的小型博物馆。比展示更吸引人的是馆内开设的纪念品商店，既有套娃，又有套娃图案的各种布制品、质朴的木头玩具等。参观免费。

地址：Леонтьевский пер, д.7
电话：（495）691-75-56
营业时间：10:00—18:00（星期五营业至17:00，星期六、日休息）
网站：http://www.fond-narprom.ru/
交通：地铁2号线特韦鲁斯卡娅（Тверская）站下车后步行10分钟

特韦鲁斯卡娅大街周边

皇家瓷器
Императорский Фарфор

以260年历史为傲的罗蒙诺索夫专卖店

1744年作为皇室专窑创立于沙俄时代的圣彼得堡。以"罗蒙诺索夫"
这个名字命名的瓷器，是最能代表俄罗斯高超技艺的名品。从图案精
美的茶杯到价格适中的动物、人物造型，多种多样。

地址：ул.Тверская,д.27/1
电话：（495）699-95-06
营业时间：10:00~22:00
网站：http://www.ipm.ru/
交通：地铁2号线玛雅科夫斯卡娅（Маяковс-
кая）站下车后步行5分钟

特韦鲁斯卡娅大街周边

艾露择·摩达·茨艾顿
Эльза Мода Центр

主营意大利家具、家居杂货齐全的人气商店

位于家居杂货店聚集的玛拉娅·布隆纳亚大街附近，是时髦的莫斯科
人喜欢光顾的店铺。1层销售餐具和杂货，2层和3层是家具卖场。以人
气意大利家具为主，俄罗斯、西班牙等地点缀房间的杂货为辅。

地址：ул.Садовая-Кудринская,д.25
电话：（495）254-80-00
营业时间：10:00~20:00
　　　　（星期日11:00~17:00）
网站：http://www.elsamoda.ru/
交通：地铁2号线玛雅科夫斯卡娅（Маяковс-
кая）站下车后步行10分钟

阿尔巴特大街周边

ROZA AZORA
ROZA AZORA

一定能找到心爱宝贝的时髦商店和画廊

从古董餐具、小摆件到现代画家的艺术作品，品位绝佳的杂货都能在
这里找到。漂亮的商店里还有苏联时期的餐具和关于列宁的商品、以
莫斯科奥运会吉祥物米莎为造型的可爱摆件。同时设有画廊，可以用
英语沟通。

地址：Никитский бульвар,д.23/14/9
电话：（495）695-81-19
营业时间：12:00~20:00
　　　　（星期日营业至18:00）
网站：http://www.rozaazora.ru/
交通：地铁3号线、4号线阿尔巴特卡娅
（Арбатская）站下车后步行5分钟

基辅站周边

埃布罗佩斯基商业中心

Европейский ТРЦ

衬托摩登店面的俄罗斯餐具和家居杂货

不愧是莫斯科最大规模的商业中心，店铺数量有500家以上，同时拥有餐厅、电影院、溜冰场等设施。销售的商品以欧洲制品为主，家居用品卖场也有俄罗斯瓷器、茶炊和圣像画刺绣组合等销售。

地址：пл.Киевского вокзала, д.2
电话：（495）921-34-44
营业时间：10:00—22:00
　　　　（星期五、六营业至23:00）
网站：http://www.europe-tc.ru/
交通：地铁3号线、4号线、5号线基辅斯卡娅
（Киевская）站下车后步行1分钟

帕尔克·库利图雷地区

帕尔克·库利图雷绘画市场

Вернисаж у ЦДХ

当地人在这里寻找家装中不可缺少的装饰画

对着格利基公园正门有条地下通道，这里也是熟客们经常前往的绘画展销会会场。对面的特雷柴科夫美术馆新馆的旁边也设有销售点。向那些寻找房间装饰用画的俄罗斯人学习，去看看新锐画家的作品如何。

地址：Крымский вал
营业时间：10:00—19:00（一般情况下）
＊根据情况，地下通道的活动有时会中止。
交通：地铁5号线帕尔克·库利图雷（Парк
культуры）站下车后步行10分钟

维登哈地区

全俄展览中心

ВВЦ-Всероссийский Выставочный Центр

在留下苏联身影的庞大展览会场购买民间工艺品

大展览会场中设有多个分馆，集中了霍夫罗玛漆器、格热利瓷器、伊娃诺博市艺、戈布兰织法圣像画等所有俄罗斯工艺品。推荐杂货种类繁多的64、66、71号馆。苏联时期的庞大建筑物本身也值得一看。

地址：просп. Мира, ВВЦ
电话：（495）544-34-00
营业时间：10:00—18:00
　　　　（星期六、日及夏季营业至19:00）
网站：http://www.vvcentre.ru/
交通：地铁6号线维登哈（ВДНХ）站下车后
步行10分钟